빛깔있는 책들 301-4

한국의 동굴

글/홍시환 ● 사진/석동일

대원사

홍시환

일본 릿쇼오대학을 졸업하고 같은 대학에서 지리학 박사학위를 취득하였다. 1969년부터 건국대학교 교수로 재직하여 이과대학 학장 등을 역임했다. 현재 건국대 대우교수로 있으며 한국동굴학회장, 문화부문화재위원으로 있다. 저서로는「한국의 자연 동굴」「한국의 용암 동굴」「한국의 석회동굴」「지구환경학개론」「한국동굴대관」등이 있으며 '우리나라 동굴의 유형과 특색에 관한 연구' 등 동굴 관계 논문 27편이 있다.

석동일

조선대학교 법정대학 정치외교학과를 수료했다. 대한적십자사 공보부와 동아그룹 홍보실에서 근무하였으며 1982년부터「동굴은 살아야 한다」는 주제로 한국동굴사진전을 개최하는 등 10여 년간 동굴만을 촬영하였다. 그 결실로「한국의 동굴」을 펴내 출판문화협회제정 저술부문 과학기술처장관상을 수상했다. 현재 석동일사진 연구소와 애드타운을 경영하고 있으며 한국 생태 사진가 협회 회장으로 있다.

빛깔있는 책들 301-4

한국의 동굴

한국의 동굴

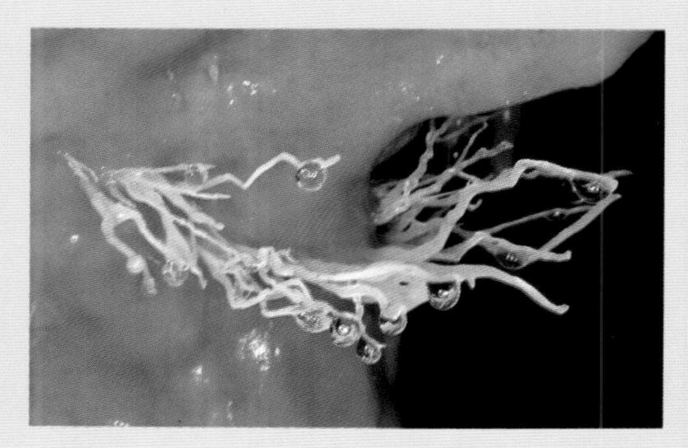

머리말

우리는 동굴이라고 하면 흔히 어둡고 축축하며 무시무시한 비밀을 갖고 있는 신비한 지하 세계로 생각하기 쉽다. 동굴에 관한 이런 막연한 인식이 그 미지의 베일을 벗기 시작한 지는 겨우 100년도 안 되는 최근의 일이다. 동굴은 그야말로 암흑의 세계요, 알려지지 않은 미지의 세계였다.

옛날부터 인류는 동굴 속에서 바람과 비 그리고 모진 추위를 피하면서 살아왔고 여러 모로 동굴을 이용해 왔다. 곧 피신 장소로는 물론이고 수도장, 작전 기지, 심지어 고려장(高麗葬) 터나 묘지로도 사용했던 것이다. 그러므로 동굴은 선조의 숨결이 담겨진 오랜 삶의 터전 가운데 하나였다고 볼 수 있다. 그리고 오늘에 이르러서는 단양의 고수 동굴이며 제주도의 만장굴, 울진의 성류굴 등이 관광지로 등장하였고 다른 동굴들도 관광지로 개발하려고 추진중에 있다.

이제 동굴은 미지의 베일을 벗고 천태만상인 지형 지물의 경이로운 모습과 조화를 보여 줄 것이다. 그러므로 우리는 동굴의 참모습을 보는 대신 더욱 보존하고 보호해야 할 책임을 갖는 것은 당연한 일일 것이다.

동굴의 구분

동굴이란, 땅 표면에 뚫린 자연적인 구멍을 가리킨다.

동굴은 그 생성 원인에 따라서 형태가 틀리게 나타난다. 땅 속 깊숙한 곳에 웅장하고도 화려한 지하 궁전의 모습을 이룬 것도 있고, 좁고 험악한 산골짜기와도 같은 동굴도 있다. 또 그런가 하면

굴의 성인상 분류

구　분	동굴의 예
석회 동굴 (종유굴)	고씨굴, 고수굴, 용담굴, 화암굴, 비룡굴, 관음굴, 환선굴, 활기굴, 초당굴, 연지굴, 근덕굴, 노동굴, 냉천굴, 도담굴, 공이굴, 옥실굴, 여천굴, 늘골굴, 태나무골, 광천선굴, 대야굴, 장암굴
화산 동굴 (용암굴)	빌레못굴, 만장굴, 김녕사굴, 협재굴, 황금굴, 쌍룡굴, 미천굴, 수산굴, 신창굴, 와흘굴, 한들굴, 구린굴, 소천굴
파식굴	오동도굴, 금산굴, 정방굴, 산방굴, 용굴, 가사굴
절리굴, 기타	청석다리굴, 오수자굴, 박쥐굴

어떤 동굴은 커다랗고 길다란 터널로 되어 한없이 이어지기도 한다. 그 모두가 그 지역의 지질(地質)이나 환경 때문에 각기 나름대로의 모습을 지니고 있는 것이다.

동굴은 성인상(成因上)으로 자연 동굴과 인공 동굴로 크게 나뉜다. 자연 동굴은 다시 석회 동굴(石灰洞窟)과 화산 동굴(火山洞窟) 그리고 파식굴(波蝕窟)이나 절리굴(節理窟) 등으로 나뉜다.

석회 동굴은 석회암 지층이 있는 곳에 생기며, 화산 동굴은 화산 지역에서 볼 수 있다. 그리고 바닷가나 강가의 절벽면에서 볼 수 있는 것이 파식 동굴이며 지층 암석의 절리면을 따라 이루어진 동굴이 절리굴이다. 이 밖에 좀더 많은 구분의 방법이 있으나 대체로

동굴의 형태별 분류

수평굴	경사굴	수직굴
고씨굴	초당굴	용담굴
대야굴	활기굴	백치굴
비룡굴	공기굴	동복굴
장암굴	옥계굴	화순굴
광천선굴	동대굴	능암덕산굴
근덕굴	서대굴	
고수굴	옥실굴	
온달굴	영천곰굴	
여천굴	일광굴	
공이굴	상진굴	
태나무굴		
환선굴		
관음굴		
성류굴		
관산굴		
천호굴		

규모별 동굴의 분류(용암굴 제외)

대규모형	중규모형	소규모형
길이 300m 이상	100~300m	100m 이하
고씨굴	파주박쥐굴	옥실굴
용담굴	청석다리굴	활기굴
화암굴	관산굴	연지굴
성류굴	백명굴	가사굴
천호굴	여천굴	굴룡굴
고수굴	장암굴	일광굴
영제굴	발내굴	도담굴
초당굴		보덕암굴
관음굴		공이굴
환선굴		저산굴
온달굴		화암굴
비룡굴		마고할미굴
광천선굴		
옥계석화굴		

우리나라의 동굴은 석회 동굴과 화산 동굴 그리고 해식 동굴이다.

한편 동굴은 형태와 모양으로도 분류할 수 있다. 땅 속에서 넓은 광장을 이루거나 수직으로 내려가는 동굴을 수직 동굴(垂直洞窟)이라고 하고, 이와는 달리 땅 표면을 따라 땅 속에서 옆으로 길게 뻗어 있는 동굴을 수평 동굴(水平洞窟)이라고 한다. 급한 경사면을 이루면서 내려가는 동굴을 경사 동굴(傾斜洞窟)이라고 하며, 고층 아파트와 같이 몇 단계의 층으로 된 동굴을 다층 동굴(多層洞窟)이라고 한다.

동굴의 종류는 그 분류 기준에 따라 다양해진다. 동굴이 어떻게 만들어졌으며 또 어떻게 성장하고 있는가 하는 성인상으로 구분하면 다음과 같다.

석회 동굴

석회 동굴은 종유굴이라고도 부르는데, 석회암 지층 밑에서 물리적인 작용과 화학적 작용에 의하여 이루어진 동굴이다. 석회암이 지하수나 빗물의 용식과 용해 작용을 받아 만들어진 것이다. 땅 표면에서 스며든 물이 땅 속으로 흘러가면서 만든 지하수의 통로가 점점 커져서 동굴이 되는데 이때의 동굴을 1차적인 생성물이라고 한다.

한편 동굴 천장에서 스며든 지하수는 석회암층을 용해시키면서 천장이나 벽면 그리고 동굴의 바닥에 종유석(鍾乳石)이나 석순(石筍), 석주(石柱)와 같은 갖가지 동굴의 퇴적물을 성장시킨다. 이때 석회암의 성분이나 지하수의 수질에 따라 동굴 속 퇴적물들은 각양

석회 동굴의 발달

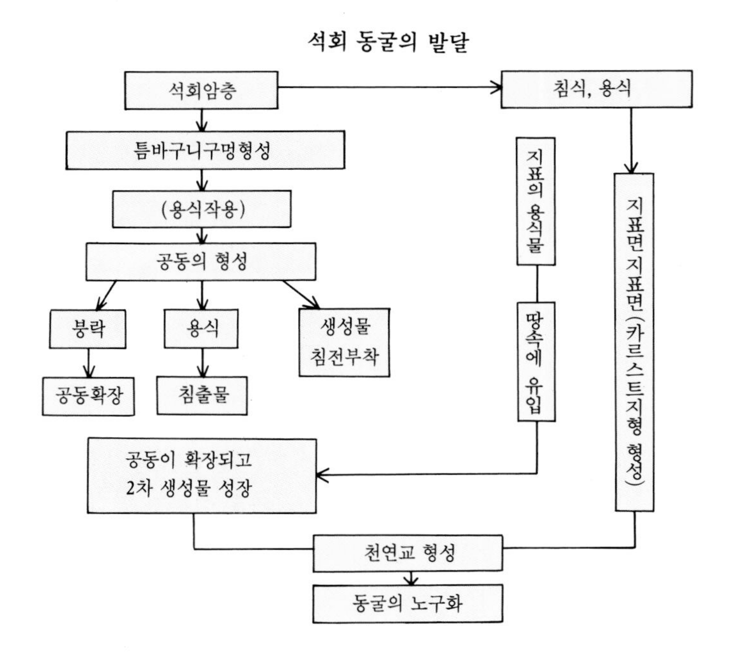

석회 동굴의 형성

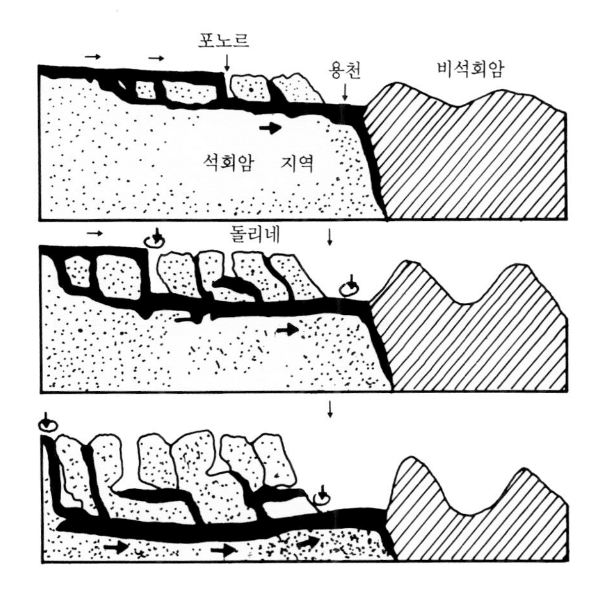

각색으로 자라게 된다. 이와 같이 동굴이 1차적으로 생긴 뒤 그 공간상에 퇴적물이 2차적으로 자라기 때문에 이들을 '2차 생성물'이라 부른다.

이런 과정을 거쳐 만들어진 동굴이 석회 동굴인데 종유석, 석순, 석주, 종유관(鍾乳管) 등이 마치 숲처럼 장관을 이루고 있기 때문에 지하 복마전 또는 지하 궁전이라고도 부른다. 이 석회 동굴은 지하수의 용식 작용에 따라 계속해서 생성물의 형태가 변하고 또 계속 자라고 있는 동굴이라고 하겠다.

석회 동굴인 관음굴의 유석 벽면(流石壁面)의 경관

화산 동굴

화산 동굴은 얼마 전까지만 해도 '용암굴(熔岩窟)'이라 불리었던 동굴로 주로 화산 지역에서 화산이 폭발하는 활동 시기에 용암의 냉각차에 의해서 발달하였기 때문에 '화산 동굴'이라고 부르게 되었다. 이 화산 동굴은 주로 용암 동굴이 대부분이나 때로는 분화구(噴火口)의 화도(火道)가 그대로 동굴로 남아 있을 경우, 그 밖에 용암 수형이 동굴로 된 경우도 있다.

화산 동굴의 형성 과정

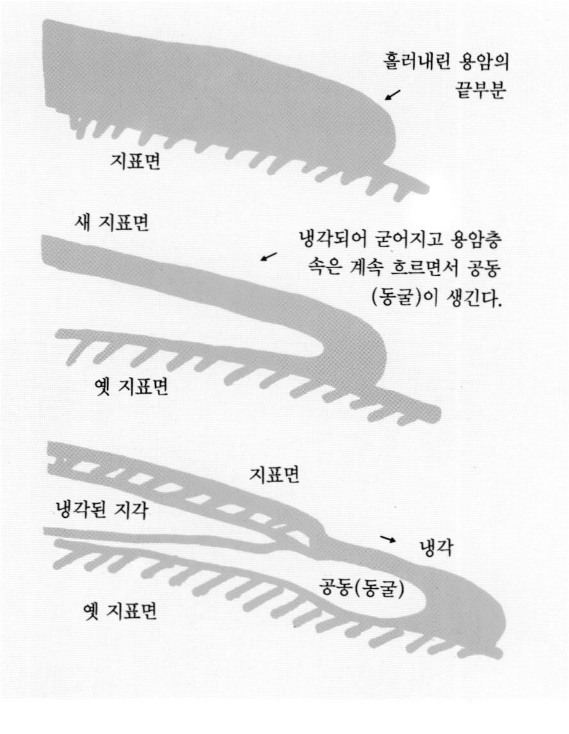

화산 동굴은 화산이 폭발할 때 화구(火口)에서 흘러나온 용암이 땅 표면으로 흘러내려가면서 형성된 동굴이다. 용암이 흘러내릴 때 땅 표면에서는 차가운 공기에 닿아 용암의 표면이 식어서 '표층'을 이루지만 그 속은 계속 낮은 산 밑으로 흘러내려가기 때문에 마치 남산 터널과 같은 공간을 만든다. 이때 동굴 속 천장이나 굴의 벽면에서 흘러내리는 용암이 냉각되면서 밑으로 늘어진 줄기가 그대로 남아 용암 종유(熔岩鍾乳)가 되고 또 이 용암의 덩어리가 동굴의 바닥에 떨어지면서 위로 쌓여진 것을 용암 석순(熔岩石筍)이라 한다. 다만 이들은 일단 냉각되어 고체화되면 그 이상은 계속 자랄 수 없다. 화산 동굴은 이 때문에 1차적인 생성 과정으로 끝을 맺는 것으로 2차적인 성장을 볼 수 없는 것이 특징이다.

파식굴

'파식굴'이란 주로 바닷가의 절벽에서 많이 볼 수 있는 해식 동굴(海蝕洞窟)과 강가에서 볼 수 있는 하식 동굴(河蝕洞窟)로 구별되는데, 해식 동굴이 파식굴의 대표적인 예이다.

대개 강가에서 볼 수 있는 하식굴은 그 규모가 크지 않으나, 해식 동굴의 경우에는 파도의 침식 작용 때문에 비교적 커다란 동굴이 형성된다. 특히 해안가의 절벽을 이루고 있는 지층의 암석 성분이나 그 절리 구조 상태에 따라 해식 동굴의 규모는 크게 달라진다.

동굴의 분포

동굴은 그 종류에 따라 분포 양상이 다르게 나타난다. 동굴의 종류별로 그 분포 사항을 설명하면 다음과 같다.

석회 동굴

석회 동굴은 전세계에 그 수효를 헤아릴 수 없을 만큼 많다. 카르스트 지형이 발달된 발칸 반도의 유고슬라비아를 비롯한 유럽의 중남부 지역을 선두로 중국 본토, 동남 아시아, 소련, 남 아메리카 그리고 오스트레일리아 등지에 넓게 분포된 대석회암 지대에 많이 분포되어 있다.

특히 프랑스와 스페인의 국경 지대인 피레네 산맥 지대는 소위 케이빙 발상지라고 할 수 있을 정도로 동굴이 예부터 많았기 때문에 동굴 탐험가들이 자주 찾았으며 지금도 세계적으로 이름난 동굴에 관한 연구소들이 이곳에 많이 모여 있다.

이 밖에도 중국의 화남(華南) 지방에도 대규모 석회 동굴이 분포되어 있는데 앞으로 이 지역의 연구 조사가 크게 기대된다.

남한 지역에서는 강원도와 충북 지역 그리고 경북 지역에 분포되어 있고, 북한 지역에는 평안 남북도 경계, 황해도 지역 등에 널리 분포되어 있는데 그 대부분이 고기석회암층에 많다.

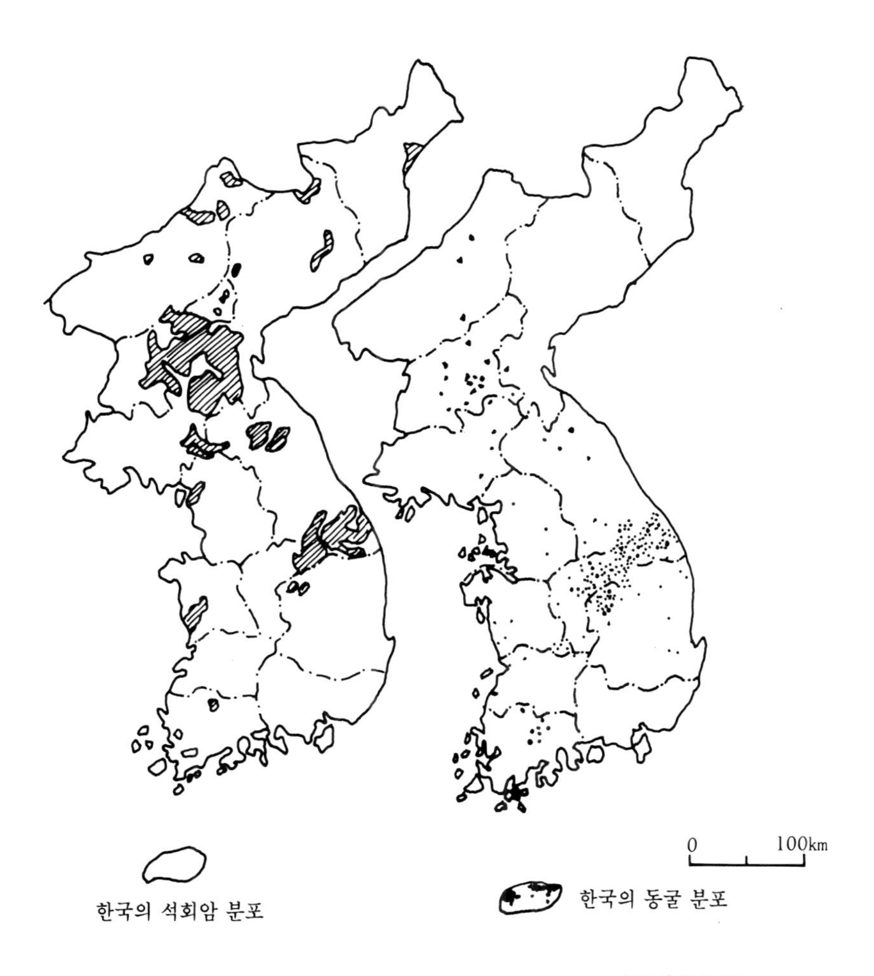

한국의 석회암 분포

한국의 동굴 분포

화산 동굴

화산 동굴의 경우는 분포가 극히 제한되어 있다. 석회 동굴과 달리 화산 동굴은 1차적인 생성 이후에는 성장하지 못한다. 따라서 화산 활동이 끝나면서 동굴의 성장도 끝나기 때문에 점차 무너지고 파괴되어 그 수효는 줄어든다.

오늘날 세계에는 약 1,000여 개소의 화산 동굴이 있다고 알려져 있다. 세계에서 화산 동굴이 가장 많이 분포된 곳은 미국 서부 지대로 전세계의 약 50퍼센트를 차지하고 있다.

그 밖에 이탈리아의 에트나 화산 지역에 약 170개소 그리고 우리나라 제주도에 약 100개소의 동굴이 집중 분포한다.

사실상 세계 각 지역에는 많은 화산 지역이 있으나, 그 대부분의 지역이 안산암(安山岩) 지역이어서 동굴의 발달이 미약하다. 우리나라 제주도에는 세계적인 화산 동굴과 지형 지물들이 많이 분포되고 있다. 세계 제일의 단일 용암 동굴인 빌레못굴은 물론, 역시 세계 제일의 동굴 시스템을 이루는 만장굴이 있다.

제주도 화산 동굴 속에는 용암구(熔岩球)의 크기와 밀집도 그리고 용암주(熔岩柱)와 규산주(珪酸柱), 이 밖에 '튜브 인 튜브(Tube in tube)' 곧 미니 케이브(Mini-cave)의 현상 등 갖가지의 지형 지물이 많이 있으며 어느 것은 세계 최대 또는 최장의 기록을 지니고 있는 것도 있다.

제주도 지역에서의 화산 동굴의 분포는 전지역에 걸쳐서 있다기보다는 주로 서북 사면과 동북 사면의 표선리(表善里) 현무암층 지역에 집중 분포하고 있다.

제주도의 화산 동굴 일람

(1990. 2 현재)

번호	동굴명	총길이	해발높이	소재지	암석층
1	빌레못굴	12,425m	255m	북제주군 애월읍	표선리층
2	만장굴	8,924m	125m	〃 구좌읍	〃
3	수산굴(1)	4,674m	140m	남제주군 성산읍	〃
4	소천굴	2,980m	130m	북제주군 한림읍	〃
5	와흘굴	2,066m	130m	〃 조천읍	〃
6	미천굴	1,695m	100m	남제주군 성산읍	〃
7	한들굴	1,400m	30m	북제주군 한림읍	〃
8	초기왓굴	1,289m	50m	〃 한경면	
9	신창굴	850m	20m	〃 〃	〃
10	송당굴(1)	850m	265m	〃 구좌읍	표선리층
11	육티기굴	800m	70m	〃 〃	〃
12	김녕사굴	705m	60m	〃 〃	〃
13	게우샛굴	(88.5m)	10m	〃 〃	〃
14	쌍룡굴	392.3m	30m	〃 한림읍	〃
15	옥산굴	391m	140m	〃 〃	〃
16	구린굴	380m	760m	제주시 오등동	한라산층
17	이모루굴	350m	70m	북제주군 조천면	시흥리층
18	덕천굴	232m	155m	〃 구좌면	표선리층
19	궤네기굴	200m	30m	〃 구좌읍	〃
20	개여멀굴	170m	10m	〃 〃	〃
21	황금굴	140m	35m	〃 한림읍	〃
22	송당굴(2)	138m	255m	〃 구좌읍	〃
23	재암천굴	114m	10m	〃 한림읍	〃
24	수산굴(2)	100m	150m	남제주군 성산읍	〃
25	폭나무멀굴	100m	150m	북제주군 구좌읍	〃
26	당오름굴	90.6m	434m	남제주군 안덕면	시흥리층
27	협재굴	98.84m	20m	북제주군 한림읍	표선리층
28	송림굴	367.4m	30m	〃 〃	제주층
29	관음굴	80m	280m	남제주군 서귀포시	〃
30	돗테폭낭굴	80m	30m	북제주군 구좌읍	표선리층

번호	동굴명	총길이	해발높이	소재지	암석층
31	망오름굴	57.7m	370m	남제주군 안덕면	시흥리층
32	초룡굴	50m	30m	북제주군 한림읍	표선리층
33	김릉굴		10m	〃 〃	〃
34	밭굴		10m	〃 성산읍	〃
35	금악굴	100m	350m	〃 한림읍	〃
36	김녕밭굴	5.8 m	10m	〃 구좌면	〃
37	김녕절굴	5.2 m	10m	〃 〃	〃
38	금악산굴(1)	41.3m	425m	서귀포시 토평동	제주층
39	갱생니굴	45m	280m	〃 〃	하효리
40	여우굴		50m	〃 〃	〃
41	무명굴		8m	〃 〃	〃
42	고냉이술굴		210m	제주시 봉개동	표선리층
43	고냉봉굴		70m	북제주군 애월읍	〃
44	한담굴		10m	〃 〃	〃
45	팽나무골		140m	제주시 해안동	제주층
46	부종굴	200m		북제주군 구좌읍	표선리층
47	수형굴(1)	18.5m	350m	〃 한림읍	〃
48	수형굴(2)		350m	〃 〃	〃
49	금악산굴(2)	16.1m	420m	서귀포시 토평동	제주층
50	무명굴		160m	북제주군 구좌읍	표선리층
51	검은오름굴	25m Dep	350m	〃 조천읍	시흥리층
52	남청물오름굴	60m	15m	제주시 연동	제주층
53	돌량굴	70m	15m	〃 일주동	〃
54	상쾌굴		1,450m	〃 오등동	한라산층
55	넓은상쾌굴		1,700m	〃 〃	〃
56	평쾌굴		1,600m	〃 〃	〃
57	등터진쾌굴		1,750m	〃 〃	〃
58	머시멀굴		310m	서귀포시 토평동	〃
59	통쾌굴		1,530m	제주시 개미목	〃
60	명월굴	350m	180m	제림읍 명월대	표선리층

기타 동굴

해식 동굴은 그 규모는 작으나 세계 각지에 고르게 분포되어 있는데 절벽이 발달한 해안가에서 흔히 볼 수 있다. 파도가 밀어닥치면서 암벽을 침식, 삭박하여 발달시킨 것으로 보통 바닷가에서 많이 볼 수 있다. 대개 이 해식 동굴들은 만조 때의 해수면(海水面)의 위치에서 해면 밑으로 6,7미터에 해당하는 지점에서 형성된다. 곧 파도의 침식 작용이 미칠 수 있는 범위에서 발달하는 것으로 보통 수평굴로 되어 있으며 또한 직선을 이루고 있는 단순한 동굴이다.

이 밖에도 현재 우리나라에서는 아직 발견되지 않고 있으나 옛날 빙하기에 있었을 것으로 예상되는 빙하 동굴도 있다. 빙하 동굴은 고위도(남극, 북극) 지방의 빙하 지역(대륙 빙하, 고산 빙하, 곡빙하)에 형성된다. 이 동굴에는 크레파스라는 구열(틈바구니)이나 무란이라는 구혈(수직 구멍)이 나타나는데 이것들이 동굴이 되거나 동굴의 출입구가 되기도 한다.

또한 빙하 말단부에서 얼음이 녹은 융수가 빙하를 뚫고 동굴을 형성하는 경우도 있다. 또한 지각 운동 때에 생긴 단층이나 절리 등의 틈바구니가 개석되어 소규모의 동굴을 이루는 경우도 있는데 이를 구조 동굴이라 한다.

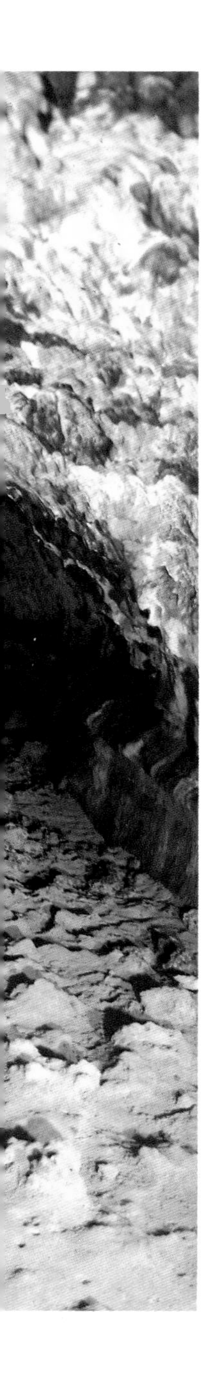

화산 동굴인 제주 협재굴의 통로와 벽면 용암이 흐르다가 냉각되어 울퉁불퉁한 통로가 되었다.(왼쪽) 또한 석회질의 퇴적물이 벽면에 흘러내려 폭포수와 같은 흔적이 남아 있다.(위)

동굴 속의 지형 지물

동굴의 지표면이나 동굴 속에는 갖가지 지형(地形)과 지물(地物)이 발달한다. 이들은 그 동굴의 종류에 따라 그 생성에도 크게 차이가 있다. 석회 동굴은 1차적으로 동굴이 생기고 난 다음에 2차적으로 지형 지물이 생긴다. 그러나 화산 동굴은 1차적으로 동굴이 형성될 때에 지형 지물이 생기게 되고 그 뒤 용암이 냉각된 이후에는 생성물이 없는 것이 원칙이다. 물론 제주도의 협재굴이나 표선굴의 경우는 예외라고 할 수 있다. 동굴 속의 지형 지물 가운데에는 그 형태나 밀도(密度), 규모 등에 있어서 학술적, 관광적 가치가 있는 것이 많아 천연기념물로 지정된 동굴이 많다.

석회 동굴

종유석

보통 동굴의 천장이나 벽에서 내리뻗은 생성물을 가리키나, 석순이나 석주까지 모든 동굴 생성물을 총칭하는 경우도 있다.

석회암 대지와 지형 관계

구분	침식 지형	퇴적물과 침적물	물의 움직임
지표의 지형	카렌(라피에) 돌리네 우발레 폴리에 콕크핏트 포노르	테라로사(홍점토) 화산재 산의 자갈, 흙	비, 용천 표류수, 복류(샘) 침투수
지하의 지형	동굴내 라피에 동굴내 놋치 침식붕(선반) 동굴내 폿트홀 수평굴←경사굴	종유석 석주 석순 석회화단구	열극수 ↓ 동굴류 ↓ 용천(샘)
협곡의 지형	천연교 동문 폿트홀 놋치 닛치 협곡	애추 단구	용천 ↓ 간헐천

종유관

동굴 천장의 곳곳에서 내리뻗은 투명체인 빨대 모양의 생성물로 '스트로' 또는 '소다 스트로'라고도 부른다.

베이콘 종유

동굴 천장이나 느린 경사의 동굴 벽에 길고 엷게 막장을 이루면서 성장하는 2차 생성물로 베이콘과 비슷하다고 하여 '베이콘 종유'라고 한다.

동굴 속의 지형 지물

성인 \ 생성 장소	천장	동굴 바닥	동굴 벽
떨어진 물	종유관 종유석 커튼 베이콘	석순 이순 석주	커튼 유흔 줄기 (수직 조흔)
흐르는 물		플로우스톤(유석) 림스톤(제석) 림풀	플로우스톤(유석) 종유 폭포 석회화 폭포
그 밖의 원인	헬릭타이트 (곡석) 견치상결정 집삼플라워	헬릭타이트(곡석)	헬릭타이트(곡석) 안소다이트(석화) 케이브 코랄 (동굴 산호)

석순

천장이나 벽면에서 떨어지는 지하수에 의하여 이루어지는 퇴적물을 '석순'이라고 한다.

석주

천장에 매달린 물방울이 종유석을 만들고 이들이 떨어져서 동굴 바닥에 석순을 발달시키는데, 이들 종유석과 석순의 발달이 계속되어 서로 연결되었을 때 이것을 '석주'라고 한다.

커튼 종유

동굴 천장이나 벽에서 떨어지는 물방울에 의하여 생성되는 종유석의 일종으로 그 모양이 커튼을 걸어 놓은 듯 엷고 길게 발달한 것이다.

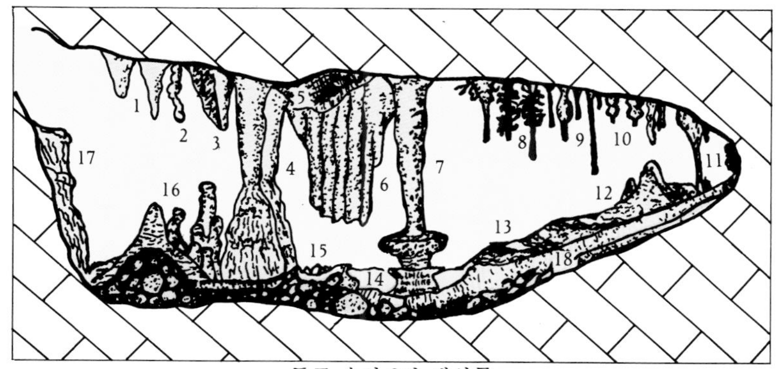

동굴 속의 2차 생성물

1. 종유석	2. 기형 종유석	3. 판상 종유석
4. 석주	5. 베이콘 종유	6. 커튼 종유
7. 석주	8. 곡석	9. 종유관
10. 종유석	11. 동굴 산호	12. 유석 구릉
13. 림스톤	14. 림풀	15. 동굴 진주
16. 석순	17. 플로우스톤	18. 동굴 퇴적물

복스와아크

동굴 천장에서 강목상의 균열 사이로부터 커튼 같은 가늘고 엷은 종유석들이 줄지어 성장한 것을 말한다.

케이브 펄

동굴 생성물 가운데 동굴의 천장이나 벽에 부착되지 않은 생성물의 하나가 '케이브 펄(동굴 진주)'이다. 그 모양은 원형이나 구형을 이룬다.

케이브 피솔라이트

'케이브 피솔라이트'는 케이브 펄과 같은 것이며 그 성인, 형성과 정도가 거의 비슷하다. 다만 케이브 피솔라이트는 표면이 깔깔한 것이 특징이다.

플로우스톤(유석)

동굴 벽에서 흘러내리는 지하수에 의하여 생성되는 2차 생성물로 폭포가 흘러내리는 듯한 경관을 말한다.

림스톤과 림풀(석회화단구)

지하수가 느린 경사의 동굴 바닥을 흘러내리면, 이때 유로 바닥면에서 증발 작용이 일어나 마치 논두렁 같은 지형을 만드는데 이것을 '림스톤'이라 하고 물이 고인 곳을 '림풀'이라 한다.

케이브 코랄(동굴 산호)

흔히 어떤 동굴에서도 볼 수 있는 동굴 생성물로 구상을 이루는 돌기 지물로 산호 모양을 이룬 것을 말한다.

부유 칼싸이트

동굴 속의 수류가 동굴 속에 있는 늪, 연못의 수면에는 방해석의 미세한 결정이나 매우 엷은 막상의 결정물이 물 위에 떠 있는 경우가 있다. 이것을 '부유 칼싸이트'라고 한다.

포켓(벨홀)

석회 동굴 속의 포화수대에서 생긴 미시적 형태의 하나로 천장이나 벽면에 패여진 용식공(溶蝕孔)을 말하며, 반구상의 오목한 곳을 '포켓'이라 한다.

캐비티

포켓과 같이 포화수대 속에서 생성된 용식 형태의 하나로 그 형태는 포켓과 같으나 절리에 따라 오목하게 패인 것이다.

스폰지 워어크

동굴 속의 벽이나 천장에 난 작은 구멍의 집합체이다.

아나스토모시스

주로 동굴의 천장에서 많이 볼 수 있는데 구조면에 따라 용식에 의하여 생긴 작은 관상을 이룬 복수 부분이 복잡하게 사행을 이루고 있는 형태다. 주로 그 크기는 1센티미터보다 작은 것에서부터 50센티미터 정도까지 나타난다.

용식관(溶蝕管)

천장이나 동굴 벽에서 반달 모양의 단면을 이루는 도랑(오목한 곳)이 계속 굽이치며 뻗어 있는 형태를 말한다. 아나스토모시스보다는 그 규모가 크며, 대부분은 반원상의 도랑이며 절리면에 따른 때도 있다.

록크 스판

동굴 벽을 구성하는 형태로 부분적으로 모암(母岩)에 의하여 이루어진 천연교(天然橋)나 기둥 등을 총칭한다. 형태에 따라 천연교, 주석(柱石), 구분벽(區分壁) 등으로 나눈다.

놋치와 닛치

동굴 내부를 흘러간 하천의 흔적으로 유수에 의한 측방 침식에 의하여 형성된 미지형인데, 높게 파고 든 침식을 '놋치'라고 하며 깊은 것을 '닛치'라고 한다.

수평 천장

석회 동굴 가운데 절리면에 따라 천장이 무너져 생긴 경우와 지하

수면이 오랫동안 안정되어 측방 확대가 크게 작용하여 '수평 천장'을 이룬 경우를 말한다.

천장구

순환수대의 지하수에 의하여 동굴 안의 천장면에 깊게 패인 골(도랑)을 '천장구'라고 한다.

수직 조흔(垂直條痕)

수직 동굴의 벽면에서 흔히 볼 수 있는 수직으로 뻗어내린 줄기를 말한다. 그 줄기의 너비는 1 내지 30센티미터이고, 길이는 벽면에 계속 내리뻗어 다양하다.

화산 동굴

용암주

2차로 용암류가 흘러내릴 때 1차 때에 형성되었던 동굴 천장을 뚫고 밑으로 흘러내리다가 그대로 냉각되어 굳어진 기둥같이 된 것을 가리킨다. 만장굴 속의 높이 7.6미터의 용암주는 세계 제일을 자랑하고 있다.

용암구(熔岩球)

동굴 속 천장의 용암괴나 용암 선반의 일부가 흘러내린 용암류에 휘말려 떠내려가다 냉각된 상태의 암괴를 가리킨다. 현재 만장굴의 거북바위가 바로 이것인데, 만장굴에는 커다란 용암구가 무려 21개나 분포한 것으로 알려져 있다. 빌레못 동굴에는 높이 2.5미터, 길이 7.5미터, 폭 5.2미터의 용암구가 세계 제일을 기록하고 있다.

용암교(熔岩橋)

용암이 흘러내릴 때 바닥을 이루고 있던 바닥면이 그대로 냉각되었다가 다시 용암류에 의하여 바닥이 침하되면 원래의 바닥면이 그대로 양쪽 벽면에 걸쳐진 채 남게 되는데, 이와 같이 남아 있는 바닥면을 '용암교'라고 한다. 만장굴에는 대소 15개가 있는데 특히 최근에는 수산굴에서 길이 140미터, 폭 50미터 되는 세계 제일의 용암교가 발견되어 세계적인 화제가 되고 있다.

용암 석순

동굴 천장이나 동굴 벽면에서 용암의 점액이 바닥 위에 떨어져 석순같이 자라난 것을 가리킨다. 빌레못 동굴에서는 길이 77센티미터로 세계 제2의 대형 석순이 발견되었다.

미니 동굴

'튜브 인 튜브'라고 부르는 미니 동굴은 동굴 바닥에 다시 작은 동굴이나 가스 공동이 발달하는 경우를 말한다. 현재까지 알려진 세계 제일의 미니 동굴은 소천굴에서 발견된 길이320미터의 것이다.

규산주(珪酸柱)

규산 종유가 계속 발달하여 동굴의 바닥까지 연결된 것으로 빌레못 동굴에서 높이 28센티미터의 규산주가 발견되었는데, 이것도 현재까지 세계 제일의 기록을 갖고 있다.

용암 선반(熔岩棚)

용암이 흘러내리면서 그 바닥이 냉각되면 바닥면의 일부는 동굴 벽에 그대로 남아서 부착되고 있음을 보게 되는데 이것이 '용암 선반'이다.

미림굴의 물 속에서 재결정된 동굴 산호

동굴의 생물

동굴 생물의 종류

동굴 속의 생물은 크게 진동굴성 생물, 호동굴성 생물, 외래성 생물 등의 세 종류로 나눈다.

진동굴성(眞洞窟性) 생물은 동굴 속에서만 살고 있는 생물로 갈로와, 장님옆새우 등이 이에 속한다. 또 호동굴성(好洞窟性) 생물은 어두운 곳을 좋아하는 종류로 나방이나 거미가 여기에 속한다. 외래성(外來性) 생물은 원래 밖에서 생활하는 종류인데 동굴로 잘못 들어와 사는 것들로 개구리, 가재, 파리, 모기 등이다.

동굴 생물과 화석

동굴 속에서는 많은 종류의 화석(化石)이 발견된다. 진동굴성 생물과 호동굴성 생물은 물론 동굴로 잘못 들어와 길을 잃거나 수직 동굴에 빠져 죽은 동물의 화석이 많다.

동굴 속의 화석은 사람이나 다른 동물이 건드릴 염려가 없으므로 잘 보전되어 있는 것이 특징이다. 따라서 동굴에서 발견되는 화석은 그 원형이 잘 드러나므로 학술적 가치가 크다.

가령 우리나라 제주도의 빌레못굴에서 발견된 황곰뼈 화석은 오래 전 제주도가 일본 열도에 연결되어 있었음을 증명해 준다. 이처럼 하나의 화석으로 풀리지 않던 역사의 의문점이 풀리기도 한다.

이 밖에 특이한 것으로는 화석 곤충이라고 부르는 갈로와 곤충이 있다. 이것은 옛날에는 땅 위에서 살았으나 지금은 화석으로만 남아 있고 지표에서는 볼 수 없는 것인데, 동굴 속에서 살고 있는 것이 발견되었다. 날개가 없고 몸 길이가 2.5센티미터밖에 안 되는 갈로와 곤충은 눈도 없고 그 흔적도 없다. 고수 동굴과 비룡굴에서만 발견되는데, 옛날에는 아시아 대륙과 북미 대륙이 연결되어 있었다는 설을 뒷받침해 주기도 한다.

동굴 생물의 특성

동굴은 어두울 뿐만 아니라 동물의 먹이가 될 만한 것이 거의 없다. 동물이 살기에는 적당하지 않은 곳이므로 대형 동물은 없고 대부분의 동굴 생물들은 몸집이 작고, 눈이 없거나 작으며 어두운 까닭에 더듬이가 길고 발 또한 길고 가늘다. 몸의 색깔은 흰색이나 회색의 엷은 색을 띠고 있다.

또 동굴 속은 먹이가 적을 뿐더러 산소마저 풍부하지 못해, 그곳의 생물들은 소화 기관과 호흡 기관이 특수하다.

동굴 안은 본래 캄캄한 암흑 세계이므로 독자적인 영양 체계를 갖는 소화세균이나 유황세균을 제외하고는 동굴 생물 생태 계통은

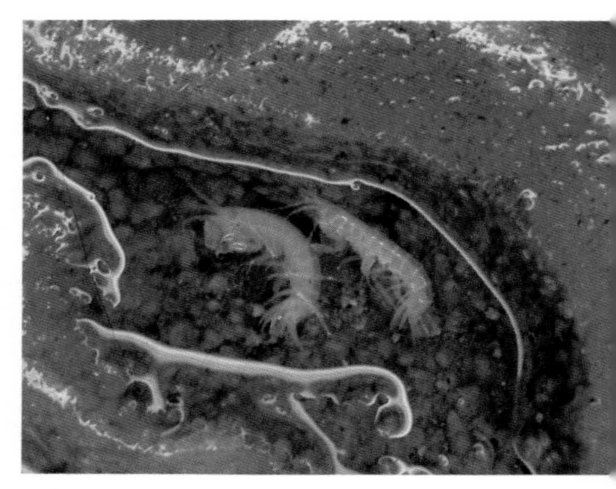

갈로와 곤충 이것은 화석 곤충이라고도 한다. 땅 표면에서는 이미 사라져 버리고 화석으로 가끔 나타나기 때문이다. 현재 동굴 속에서 가끔 발견되고 있다.(위)
박쥐 동굴에서는 '동굴의 왕자'라고도 하는 가장 큰 동물에 속한다.(아래 왼쪽)
장님옆새우 동굴 속 곳곳에서 발견되는 지하수 생물의 대표적인 생물이다.(아래 오른쪽)

제1차의 생산층이 없는 특수한 생태 구조를 갖는다. 곧 종속 영양의 체계를 이루는 많은 토양 동물류나 거미류, 수생 갑각류가 실제로 동굴 안에 서식하는 것은 동굴 생태 계통이 아닌 동굴 밖으로부터의 에너지(유기물)의 반입이 있기 때문이다.

이 유기물의 굴내 반입은 동물에 의한 반입과 식물에 의한 반입 등으로 크게 나뉜다. 전자는 밤에 활동하는 박쥐류의 분(구아노) 또는 수직굴에 빠진 동굴 등에 의한 것이고, 후자는 식물의 잎과 가래기들이 틈바구니로 들어오거나 흘러들어온 것이라고 하겠다.

박쥐

박쥐는 하늘을 정복한 유일한 포유 동물이다. 곧 하늘을 마음껏 날아다니는 포유류는 박쥐밖에 없다.

박쥐는 낮 동안 동굴 속에서 쉬고 밤에는 굴 밖으로 나가 먹이를 잡아먹는 야행성 동물이다.

아무리 좁은 동굴 속이라도 자유롭게 날면서 벽이나 천장에 부딪히는 일이 없는 곡예 비행사이기도 하다. 이렇게 어둠 속에서도 자유롭게 활동할 수 있는 것은 초음파의 덕분이다. 초음파의 소리를 내면서 그것을 레이더로 하여 공중을 나는 것이다. 이것은 1938년에 미국 하버드 대학의 그리핀이라는 학생이 알아낸 것이다. 그리핀은 물리학자 피아스가 개발한 초음파 검출 장치를 사용하여 박쥐가 목젖의 근육과 성대로 초음파를 내면서 그 반사파를 이용하여 날아다닌다는 사실을 확인한 것이다.

박쥐는 동굴의 왕자라고 불리운다. 박쥐는 겨울에는 마치 죽은 듯이 천장에 매달려 깊은 잠을 잔다. 가을철에 저장했던 영양분으로 이듬해 봄철이 다가올 때까지 동면하는 것이다. 만일에 잠든 박쥐를 깨게 하면 에너지가 소모되므로 봄까지 못 살고 그대로 굶어 죽게 된다. 따라서 박쥐는 지나치게 춥거나 더운 곳에서는 잠들지 않고

적당한 온도와 습도를 찾아 그곳에서 동면(冬眠)에 들어가므로 해마다 동면 장소는 일정하다. 물론 겨울 동안에 한두 번은 수분을 섭취하기 위하여 깊은 잠에서 깨어나기도 한다.

동굴 생물과 구아노

박쥐는 곤충을 먹이로 하는데 박쥐의 배설물은 구아노라고 하여 동굴 미생물의 먹이가 된다. 이 구아노는 동굴 생물들에게는 귀중한 식량 자원이다.

박쥐는 매우 민첩하게 움직이므로 운동량이 많아서 먹이도 많이 먹어야 한다. 실험에 의하면 대개의 박쥐는 15분 동안에 자신의 몸무게 10분의 1 가량의 모기를 잡아먹는다고 한다. 따라서 박쥐의 배설물도 많을 수밖에 없다. 이 구아노에는 수분, 석회분 이외에 질소, 인산, 칼리 등이 포함되어 있는데, 동굴 안의 인산염 광물들은 구아노의 인산과 동굴 안 물질의 화합으로 생성된 것이다. 구아노에는 유기물이 풍부해서 많은 미생물들이 서식하게 된다.

미국 뉴멕시코 주에 있는 칼스바트 동굴에는 이 구아노가 12미터나 쌓여 있다고 하는데, 구아노는 비료나 화학 연료로도 이용한다.

우리나라의 고수 동굴에서도 첫 탐험 때 구아노가 1미터 가량 쌓여 있는 것을 발견했다. 구아노에는 0.6 내지 15퍼센트의 인(P)이 포함되어 있으며 오줌에는 질소분이 풍부하다.

동굴 생물들은 박쥐의 배설물을 식량으로 이용하므로 '박쥐가 있는 동굴은 살아 있는 동굴'이라고 부를 정도로 많은 동굴 생물들이 살고 있다.

동굴과 인류

동굴의 이용

최근 우리나라는 물론 세계 각국에서는 동굴의 관광 개발, 희귀한 동굴 생물의 생태 관찰 그리고 선사 주거지로서의 유적 조사 등으로 지하 동굴이 새로운 학술 조사의 대상으로 등장하게 되었다.

원래 동굴은 암흑의 세계로 항온, 항습이고 고요할 뿐 아니라 견고한 석회암의 장벽으로 되어 있으므로 천연 요새이기도 하다. 동굴 속의 항온, 항습, 암흑이라는 성질을 이용해서 버섯 재배가 이미 이루어지고 있으며 풍부한 지하수를 이용해서 양식장으로 연구되고 있기도 하다. 한편 태평양 제도의 섬들에서는 무풍성, 견고성, 적막성을 이용하여 시신을 모시는 동굴장으로도 이용한다.

동굴은 자연 관찰과 조사의 실습장으로서만이 아니라 새로운 작전 기지나 특수 자원의 저장고로서 중요성을 지니게 되었으므로 오늘날 세계 각국에서는 이 지하 동굴에 대한 다각적인 연구 분석과 이용 방안이 강구되고 있다.

동굴의 신화와 전설

동굴 속 지하의 신비경은 유서 깊은 우리 인류가 생존해 온 흔적을 간직한 역사의 현장이기도 하다. 곧 동굴은 인류의 생활과 밀접한 관계가 있었던 까닭에 여기에 얽힌 이야기도 많다.

그 대표적인 것이 우리나라의 건국 신화(建國神話)다. 곰과 호랑이가 어두운 동굴에서 마늘과 쑥을 먹고 100일 동안 정성을 드렸는데, 호랑이는 참지 못했으나 곰은 끝까지 참아내어 아름다운 여인이 되어 우리나라의 시조인 단군(檀君)을 낳았다는 전설도 동굴에 얽힌 이야기의 하나이다.

또 제주도 김녕 사굴(金寧蛇窟)에서는 흉년을 몰고 오는 구렁이를 새로 부임한 판관 서린(徐燐)이 물리쳐 민생을 안정시켰다는 전설도 전해지고 있다.

그리고 단양의 온달굴(溫達窟)에는 그 옛날 온달 장군이 이곳에서 수도하였다는 전설이 전한다.

이 밖에도 동굴에 얽힌 신화와 전설은 헤아릴 수 없을 정도로 많다.

인류사의 현장인 동굴

이미 밝혔듯이 동굴은 중요한 유적지(遺跡地)이기도 하다.

독일 네안데르탈의 석회굴에서 두개골이 발견된 원시 인류인 네안데르탈인은 두뇌의 크기가 현대인과 비슷하고, 두개골과 이마 부분이 기울어져 있음을 동굴에서 발견된 그들의 뼈를 통해 알 수 있다. 또한 프랑스 도르도뉴 지방의 동굴 크로마뇽에서 발견된 후기 구석기시대의 화석 인류인 크로마뇽인들은 이베리아 반도(스페인과 프랑스 일대)를 가로지르는 피레네 산맥 일대의 동굴에 수많은 동굴 벽화(洞窟壁畫)를 그려 놓아 그들의 생활 양식을 엿볼 수 있다.

한편 지구에 최초의 인류가 나타난 것은 신생대(新生代) 제4기 초이다. 이때 빙하기(氷河期)가 닥쳐 왔는데 인류가 동굴로 찾아들어 추위를 피했다는 사실을 동굴 안의 불에 그을린 자국이나 벽화를 통해 알 수 있다.

이와 같이 동굴은 인류의 역사는 물론 지구의 과거 기후까지 알 수 있게 해주는 살아 있는 역사의 현장인 것이다.

한편 우리나라에서는 아직까지 동굴 벽화는 발견되지 않고 있으나 그래도 동굴 속에서 우리 조상들이 살아왔다는 흔적은 곳곳에서 발견되고 있다. 충북 단양의 고수 동굴 입구 안쪽에서는 사냥용 타제 석기가 발견되었고, 입구 밖의 밭 고랑에서는 농경용 타제 석기와 마제 석기가 발견되어 동굴 속에서 우리 조상들이 살았음을 알 수 있다.

그리고 충북 미원에 있는 냇가의 청석다리굴 속의 지하 50센티미터 아래에서 검은 노지(爐地)가 발굴되었고 그 동굴 벽면에는 거의 마모되어 가는 성혈(性穴) 등이 발견되고 있다.

이와 같이 우리나라 한강의 중상류 연안에 있는 많은 동굴들에서 옛 조상들이 삶터로 이용하였음을 알 수 있다.

우리나라의 주요 동굴

단양 고수굴

천연기념물 제256호인 고수 동굴(古藪洞窟)은 충북 신단양(新丹陽)의 시가지 바로 앞 남한강 건너편에 있다. 이 동굴의 지질은 고생대 대석회암통(大石灰岩統)에 속하고 있어 지질 연대가 약 4억 년으로 추정되며, 총 길이는 1킬로미터가 넘는 동굴이다.

이 동굴은 사자바위를 동굴의 수호신(守護神)으로 삼고 있으며 각종 지형 지물이 잘 발달되어 있다. 동굴의 형성은 지표에서 스며든 물이 지하수류가 되어 약한 지층을 뚫고 나갔는데, 이때에 동굴 속 중앙부에는 위 지층이 무너져 커다란 공동이 생겼는데 이것이 오늘날 위아래의 만물상 지역이다.

고수 동굴의 동굴 퇴적물은 경관이 매우 화려할 뿐만 아니라 규모가 크다. 특히 커튼형의 종유석 무리가 줄기차게 내리뻗은 모습은 장관이다. 동굴 생물도 풍부하고 갈로와 곤충으로 부르는 화석 곤충이 발견된 적도 있으며 박쥐가 아직도 많이 서식하고 있다.

더구나 동굴 입구 부근에서는 타제 석기(打製石器)와 마제 석기

(磨製石器) 등이 발견되어 그 옛날 우리들의 조상들이 이곳 고수 동굴에서 살았던 것 같다.

이 밖의 특수한 지형 지물로는 동굴 천장에 매달려 있는 방패석, 동굴 밑바닥에 발달한 선녀탕으로 부르는 석회화단구(石灰華段丘), 끝머리 용수골에 활짝 펴 있는 아라고나이트의 장관, 출구 부근의 황금성(黃金城) 종유 성벽 그리고 신동(新洞) 내부의 이색적인 종유석과 석순의 숲은 참으로 지하 궁전을 연상케 한다.

황금 폭포 장엄한 종유 폭포를 이루고 있는 유석 경관으로 황금 폭포로 불리운다.

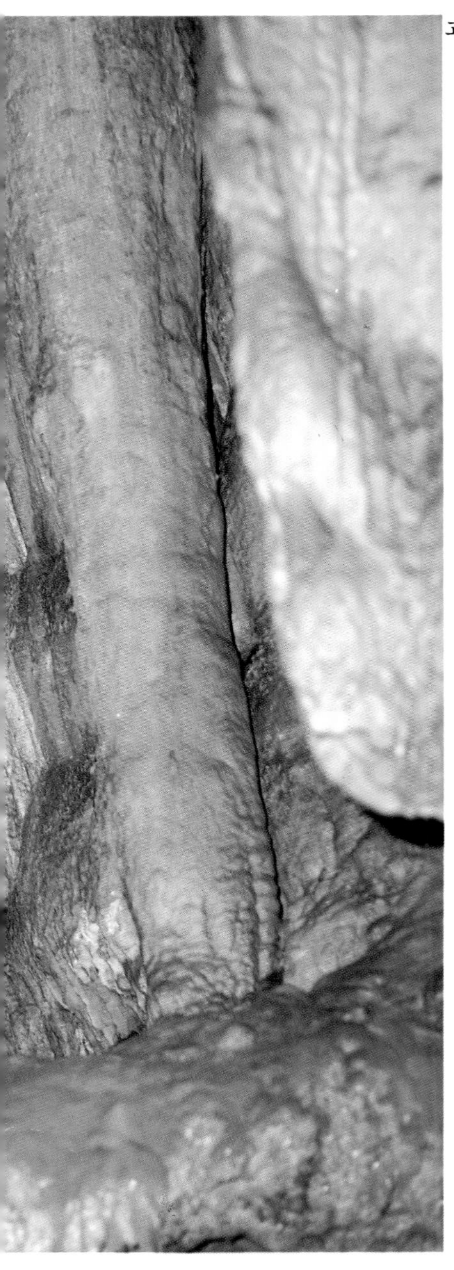

고수 동굴의 수호신으로 알려진 사자바위 천장에서 스며든 용식 용해 물질에 의하여 모암의 돌기된 곳을 코팅하면서 이루어진 기암 괴석이다. 동굴 속 깊숙이 자리잡고 있는 사자바위의 장관은 지하 복마전인 이 동굴을 지켜주는 수호신으로 나무랄 데 없는 지물이다.

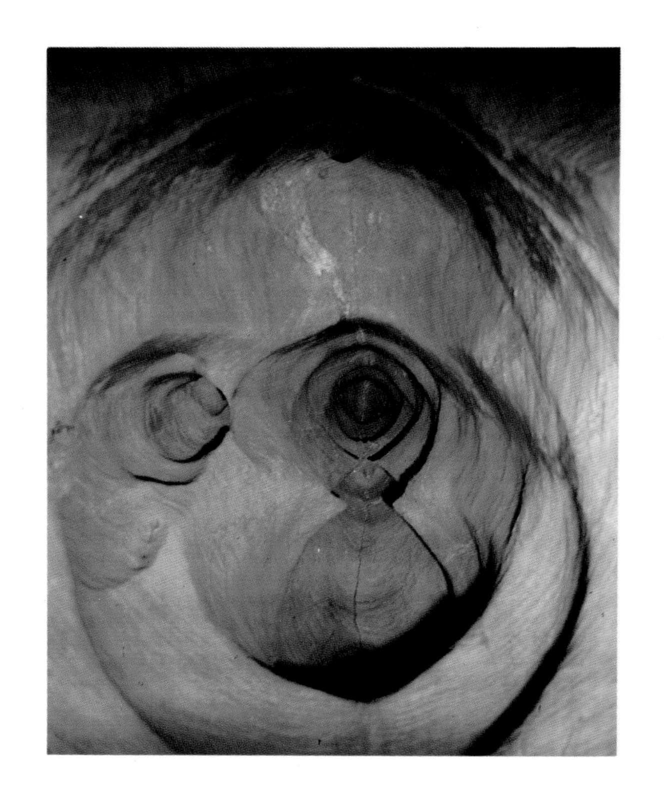

캐비티 동굴 속에 지하수가 가득 차서 흘러내릴 때 거센 지하수류의 용식 작용으로 동굴 천장면에 소용돌이치면서 절리면에 따라 깎아 버린 오목한 벨홀과 같은 지물이다.(위)

현수상 유석 경관 동굴 벽면을 따라 흘러내린 석회질 용해수 물방울들이 밑으로 길게 늘어져서 종유석 무리가 겹친 것 같이 보이는 플로우스톤(유석) 경관이다.(오른쪽)

단양 노동굴

노동굴(蘆洞窟)은 천연기념물 제262호로 지정된 석회 동굴로 일찍부터 알려진 관광 동굴이다. 주굴의 길이는 약 800미터인데 급경사의 넓은 공동을 이루고 있는 대형 경사굴이다.

입구는 산 밑의 터널을 따라 들어가게 되어 있는데 동굴 곳곳에

종상(鐘狀) 종유석 이것은 급격히 흘러내린 석회질 용해 물질의 코팅으로 형성된 종 모양 또는 호박 모양이라 하는 종유석 경관이다.

대규모의 종유석과 석순으로 장식되어 있다. 특히 수직벽 밑에는 한 모퉁이에 화석화되어 가는 뼈무덤이 있으며, 동굴 밑바닥에는 곰 발자국으로 보이는 흔적이 있어 관심을 끈다.

그리고 동굴 벽면에 매달려 있는 듯한 종상 종유석을 비롯하여 다보탑으로 부르는 대석순과 손가락 석순 등의 웅장하고 광대한 모습은 우리나라에서 손꼽히는 관광 동굴의 면모을 보여 준다.

종유석 무리와 석주 5단 폭포를 이루고 있는 듯한 종유벽의 장관이다.

동굴 내부 경관 이 굴은 손꼽히는 수직 동굴로 험난하나 지하 깊숙이 들어가면 웅장하고 넓은 광장이 나타난다.(아래)
손가락 석순 극락 세계 또는 천당을 가리키고 있는 듯한 손가락 모양의 석순이다.(오른쪽)

다보탑 석순 동굴 속에 우뚝 서 있는 노동굴의 상징적인 대석순으로 다보탑 석순이라 불리운다.

단양 천동굴

우리나라 석회 동굴 가운데 가장 아름다운 동굴의 하나이다. 강원도 지방기념물로 지정되어 있으며 동굴의 경관은 지하 궁전을 그대로 옮겨 놓은 듯 화려하다.

땅 속에 아름다운 '꽃쟁반을 간직한 동굴'로 알려진 이 천동굴(泉洞窟)에는 종유석과 석순의 숲이 우거진 동굴 밀림 지대가 있다. 그리고 갖가지의 동굴 퇴적물이 즐비하여 '동굴의 표본실'로 부를 정도이다. 동굴의 규모는 작고 아담한 단일 공동의 관광 동굴이지만, 수많은 동굴의 지형 지물이 발달하였을 뿐만 아니라 그 색채 또한 화려하고 아름다워 마치 극락 세계의 지하 궁전을 방불케 한다.

꽃쟁반과 수중 산호 고요한 정수면 위에 떠 있던 부유 칼싸이트와 석회질 용해 물질이 그대로 수면 위에서 굳어져 이루어진 꽃쟁반 모양의 퇴적물이다.

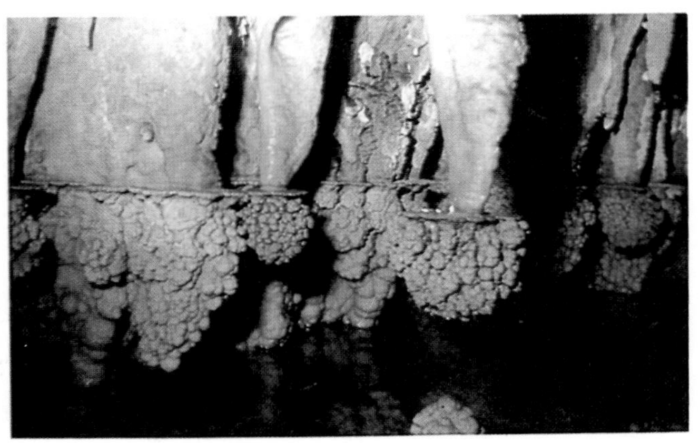

종유석과 석순, 석주와 유석으로 가득 찬 동굴 동굴 윗부분의 지질 상태에 따라 여러 가지 색깔이 나타난다.(위)
수면 밑의 동굴 산호 종유석의 수면 밑으로 계속 성장하였을 때 수면 내부의 압력 때문에 수면 밑 종유석이 포도상 동굴 산호로 발달한 것이다.(아래)

영춘 남굴(온달굴)

남한강 상류 단양 영춘(永春) 지역에 있는 석회 동굴로 천연기념물 제261호인 동굴이다.

이 동굴이 있는 언덕 위에는 삼국시대에 온달 장군이 쌓은 것으로 알려진 온달성(温達城)이 있어 일명 '온달굴'이라고 부른다. 동굴의 총 길이는 700미터, 내부에는 단지 몇 개의 석순이 있을 뿐이다. 이 석순들이 갖가지 동굴의 모양을 한 '석순의 광장'을 이루고 있다. 일직선으로 뻗은 직선형의 수평 동굴인데, 동굴 통로 오른쪽의 맑은 물 속에는 남한강에서 지하수로를 타고 들어온 민물고기가 살고 있다.

남굴 경관 둥굴 벽면을 따라 줄기차게 뻗은 종유석과 플로우스톤이 장식하고 있다.

영월 고씨굴

고씨굴(高氏窟)은 천연기념물 제219호의 석회 동굴로 강원도 영월읍 진별리 남한강변에 위치하고 있다.

고씨 동굴이란 이름은 임진왜란 때 고씨 일가족이 이 동굴 속에 피신하여 난을 피할 수 있었다는 데서 유래했다.

이 동굴의 총길이는 3,000미터로 주굴이 1,800미터이며 나머지 지 굴이 1,200여 미터나 되며, 굴 속에 들어가면 넓은 공동이 3, 4개 있다. 동굴의 지질 연대는 지금으로부터 약 4 내지 5억 년 전에 형성된 고생대의 대석회암통에 속하는 막동통(莫洞統) 지층이다.

동굴의 입구는 남한강변 절벽 30미터의 높은 언덕 위에 있다. 동굴 속에는 곳곳에 장엄한 경관이 산재하고 있다.

한마디로 말하여 '종유석과 석순의 전시장'이라 할 수 있는 곳이다. 특히 12선(仙)이라고 부르는 천장에서 내리뻗은 종유석과 석순의 무리들은 이 동굴의 대표적인 지형 지물이라 하겠다.

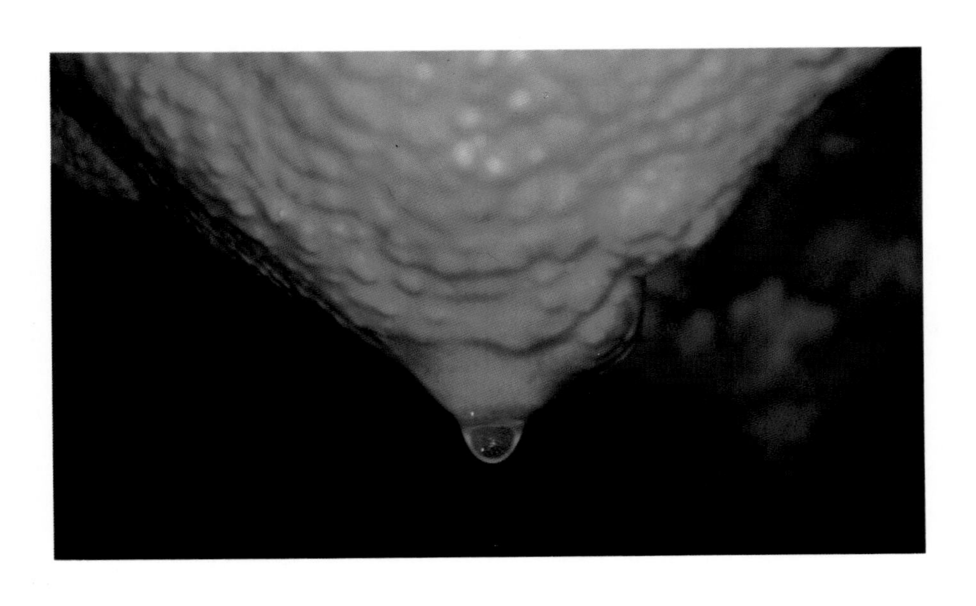

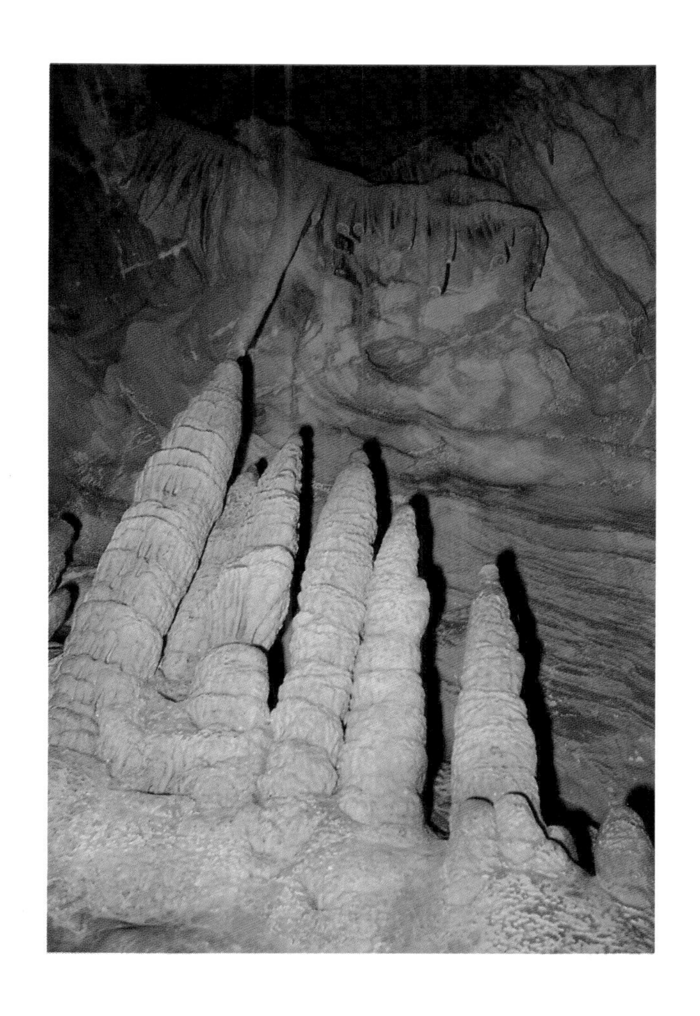

대석순의 위용 고씨굴은 '종유석과 석순의 전시장'이라 할 정도로 그 규모가 웅대하다. 위의 석순도 매우 뛰어난 모양으로 어떤 것은 종유석과 절묘하게 만나 석주가 되기도 한다.(위)
방추형 종유석 동굴 천장에서 자란 방추형 종유석 밑부분에 떨어질 듯 물방울이 맺혀 있다.(왼쪽)

지하 복마전의 모습 종유석, 석순 그리고 종유 폭포인 유석 경관이 5단을 이루며 발달한 매우 무서운 광경의 복마전이다.(아래)

수세미형 종유석 동굴 천장에서 수세미 모양으로 내리뻗고 있는 종유석 무리들인데 동굴 속에 물이 가득차 있어서 밑부분이 둥글게 퇴적면을 이룬다.(오른쪽)

현수막상 종유석 줄기차게 내리뻗고 있는 종유석과 유석 경관이 마치 현수막을 걸어 놓은 듯하다.

대석순의 무리 접시를 쌓아 올린 듯한 석순의 모습으로 어떤 것은 천장에 연결되어 석주(돌기둥)를 이루고 있기도 하다.

영월 용담굴

강원도 영월군(寧越郡) 하동면 진별리에 있는 석회암의 수직 동굴로 강원도 지방기념물 제23호이다. 이 굴은 영월 화력 발전소 앞산 기슭에 있다. 수직 깊이 86미터가 넘는 깊은 동굴로 원통 모양의 커다란 광장에서 다시 80미터의 가지굴인 수평굴이 뻗어 있는데, 이곳에 갖가지 모양의 석순이 성장하고 있다.

옛날에 용(龍)이 도사리고 있었다 하여 '용담 수직굴(龍潭垂直窟)'이라고 부르기도 한다. 이 동굴 주변 남한강변의 풍치와 계곡 풍경이 극히 아름답다.

이 동굴을 형성하고 있는 지층의 지질 연대는 고생대이다.

산석 꽃밭 아라고나이트(산석)라는 방해석질 결정체들이 침상으로 뻗고 있다.

산석 구상체 종유석 표면에 지름 0.5 내지 1밀리미터의 구상체가 동굴 안 짙은 안개의 영향을 받아 생긴 것이다.

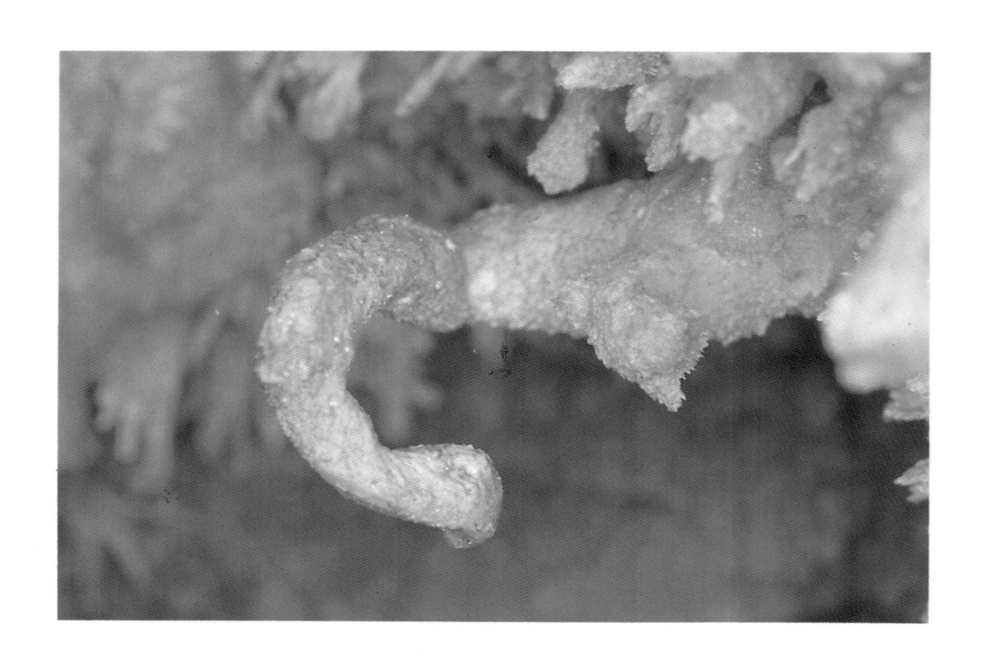

꾸부러진 곡석(헬릭타이트) 용담굴은 항상 짙은 안개 속에 가려 있는 밀폐형으로 종유석, 종유관 등의 성장이 고르지 못해 산석이나 곡석 등 밀폐형 퇴적물이 풍부하다.

영월 연하굴

남한강 상류에 있는 동강의 강변 하상에서 15미터 높이에 있는 비공개 석회 동굴이다. 아담한 규모의 동굴로 수정같이 맑고 국숫발 같이 길게 내리뻗은 종유관이 동굴 천장에 많이 발달되어 있어 이색적인 경관을 보여 주고 있다.

이 연하굴(蓮下窟)의 총길이는 200미터로 짧지만 여러 종류의 동굴 생물이 있고 화려한 종유관(鍾乳管)으로 단장된 동굴 천장의 경관은 동굴 표본실을 연상케 한다. 강원도 지방기념물 제31호로 지정된 학술적 가치가 큰 동굴이다.

포도상 구상체 구상(球狀) 종유석이라고도 한다. 석회질 용해수 물방울이 맺혀 있다.

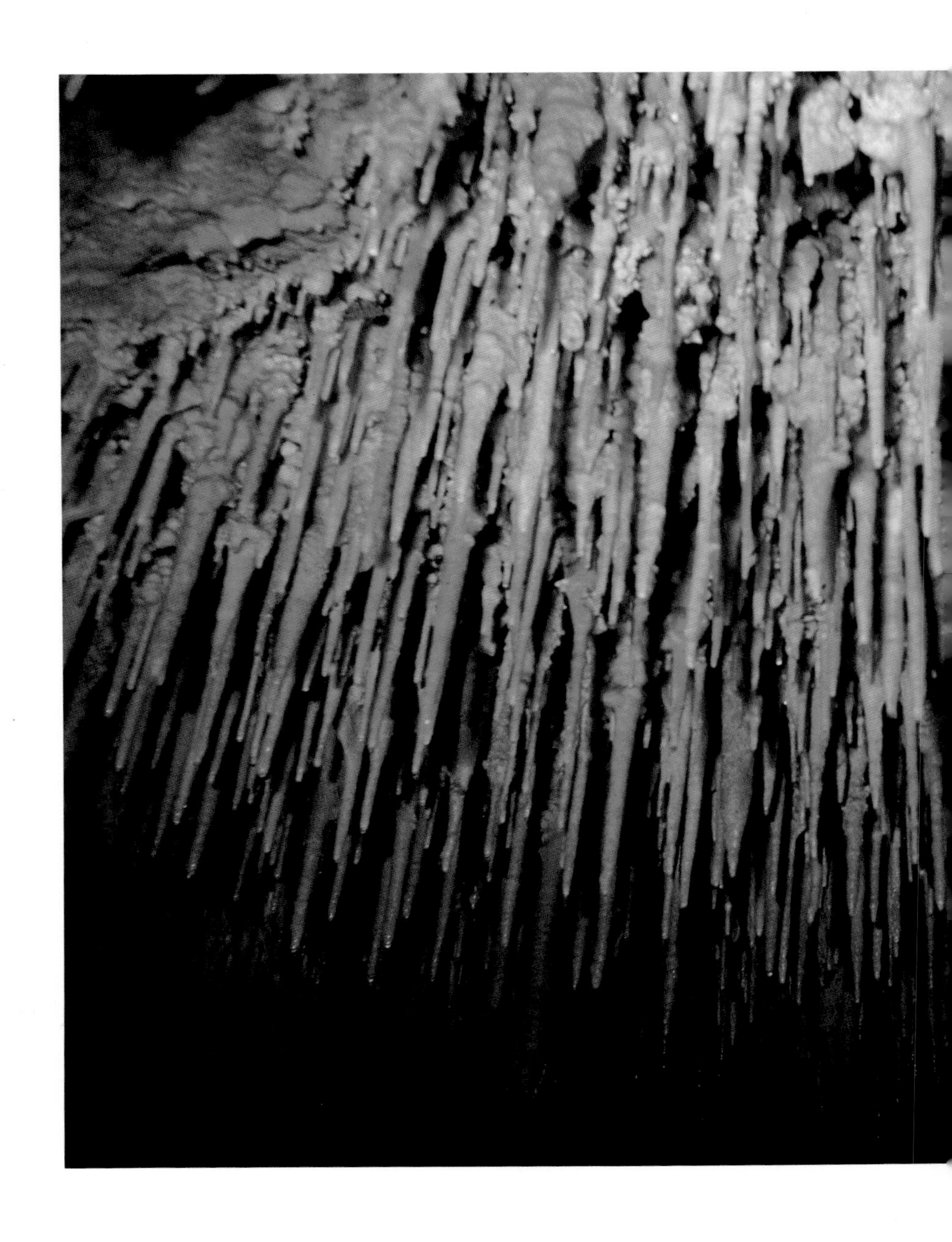

종유관과 종유석의 무리 연하굴은 우리나라에서 종유석의 단위면적당 밀집도가 가장 높다. 동굴 천장에서 종유관과 종유석이 국숫발같이 내리뻗고 있다.

평창 백룡굴

천연기념물 제260호로 지정받은 석회 동굴이다. 지역의 토착민이 어느 날 밤 흰색의 용이 남한강의 물 속에서 뛰쳐나와 굴 속에 들어가는 꿈을 꾸고 발견한 동굴이라 하여 백룡굴(白龍窟)이라고 이름지었다고 한다. 강원도 평창군 미탄면의 남한강 지류인 동강 절벽에 있는 비공개 석회 동굴이다.

동굴의 총길이는 1.2킬로미터이고 종유석, 석순, 석주 그리고 희귀한 곡석 등이 만발한 동굴이다. 남한강의 수위가 올라가면 침수될 우려가 있는 화려한 지하 궁전의 하나이기도 하다. 여러 갈래의 가지굴이 발달되고 있을 뿐만 아니라 많은 2차 퇴적물 이외에도 다양한 동굴 지형을 이루고 있다. 특히 동굴 입구에는 특히 주거지로 이용되었던 흔적이 있다.

굴 속 깊은 곳에는 피아노 종유석을 비롯한 방패 석주, 에그프라이 석순 등의 지형 지물이 잘 보존되고 있다.

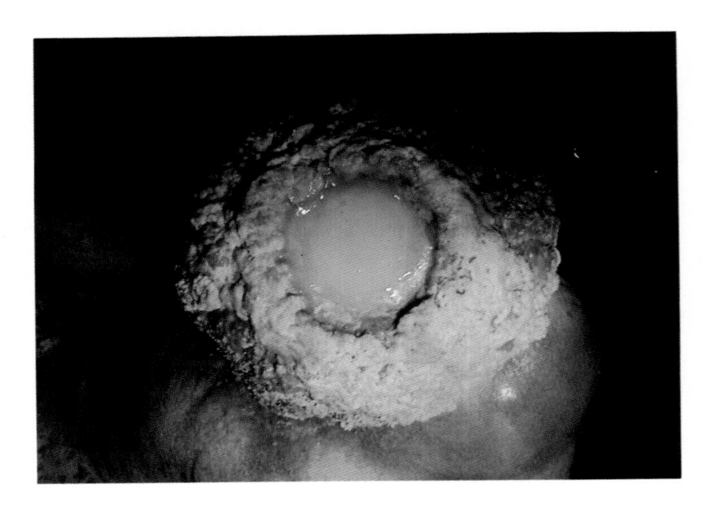

현수상(懸垂狀) 종유 백룡굴의 상징적인 경관이다. 종유석이 성장하여 석순과 만나 석주(돌기둥)로 되어가는 과정을 보여 준다.(위)
에그프라이 석순 동굴 속 바닥에 발달하고 있는 석순의 하나이다. 마치 에그프라이와 같은 모양으로 그 가치가 매우 높다. (왼쪽)

백룡굴의 내부 갖가지 지형 지물이 조화를 이루고 있다.

디스크형 대석순 매우 큰 석순으로 맨 윗부분이 종유관과 만나고 있다.

정선 화암굴

화암굴(畫岩窟)은 강원도 지방기념물 제33호로 지정된 석회 동굴로 그림같이 아름다운 절벽과 화암 약수터가 가까이 있어 더욱 각광을 받고 있다.

천장 높이 30 내지 40미터, 직경 100미터에 달하는 거대한 광장에는 화려한 황금빛 종유벽이 걸려 있고, 광장의 한 구석에는 두 개의 커다란 '장군바위' 석순이 우뚝 서서 암흑의 세계를 지키고 있다. 그야말로 조각 궁전(彫刻宮殿)을 연상시키는 동굴이다. 화려한 종유벽 경관과 우리나라에서 제일 가는 대형 석순으로 알려져 있다. 그리고 오른쪽 동굴 벽면에는 황금빛의 대종유벽인 수직 조흔(垂直條痕)이 줄기차게 내리뻗고 있는 장관도 볼 수 있다.

석화 흔히 동굴의 꽃으로 비유되어 석화라 부른다. 화암굴 바닥에는 투명 석고의 결정면이 보인다.

장엄한 유석 경관 높이 20미터가 넘는 동굴 벽면에 수직으로 내리뻗은 수직 조흔으로 황금빛을 이루는 큰 플로우스톤이다.(위)
쌍둥이 석순 화암굴의 대표적인 경관으로 두 석순이 나란히 있다 하여 쌍둥이 석순이라 한다. (오른쪽)

여량 산호굴

강원도 정선(旌善)의 여량(餘糧)에는 동양에서는 보기 드문 동굴 산호의 전당이 있다. '정선 아리랑'의 원류지인 '아오라지 나루'와 남한강의 상류를 멀리 내려다보는 반륜산(半輪山) 중턱에 자리잡은 이 석회 동굴은 가장 이색적인 동굴이다.

크고 작은 5개의 공동으로 이루어진 이 동굴 속에는 동굴 산호가 만발해 있다. 천장 벽면에 가득히 매달린 이 동굴 산호는 갖가지 모양을 나타내고 있어 신기하기 짝이 없다. 하지만 수직 20미터를 곧바로 내려가야 하는 위험이 따르는 비공개 동굴이다.

동굴 산호 포도상 구상체의 일종이지만 자세히 관찰하면 화형체(花形體)를 이루고 있어 동굴 산호라 한다.

동굴 입구 반륜산 중턱에 크게 입을 벌리고 있는 동굴 입구이다. 30도 경사가 넘는 비탈길로 시작되는 동굴 입구 바닥에는 입구로부터 들어간 많은 암석의 쇄설물(瑣屑物)이 깔려 있다.

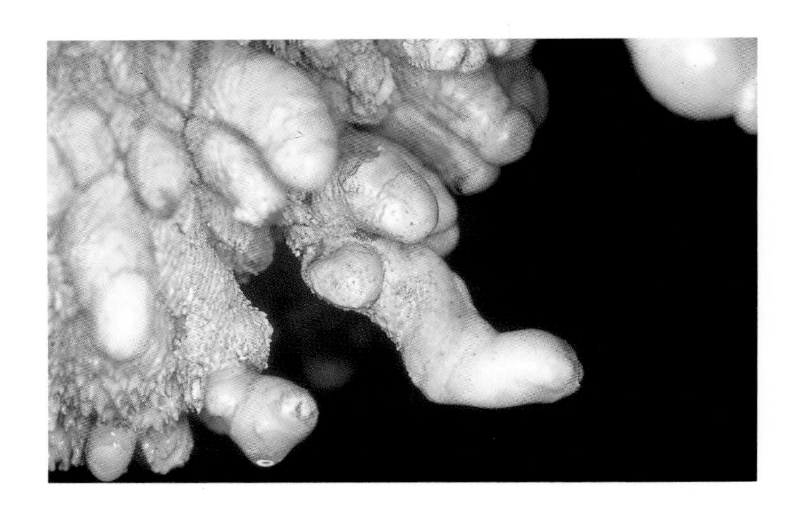

여러 가지 모양의 동굴 산호 동굴 속에 물이 가득 차 있을 때 벽면이나 천장에서 자란 동굴 산호가 수압에 못이겨 마침내 끝부분이 원마도가 높은 구상체로 변모된 것이다.(위, 아래)

삼척 관음굴

천연기념물 제178호인 대이리(大耳里) 동굴 지대에 위치한 관음굴(觀音窟)은 우리나라에서 뿐만 아니라 세계 동굴학계에서도 동굴다운 동굴로 인정받고 있다. 굴 속에는 아름답고 장엄한 경관을 지닌 폭포가 있어서 계속 굴 밖으로 물이 흘러내리는 물굴이다.

총길이 1,200미터인 직선형 석회 동굴로 높이 3미터, 너비 5미터 가량의 넓은 입구를 가진 관음굴은 안에서 밖으로 동굴류(동굴만을 흐르는 개울)를 흘려 보낸다.

동굴 입구 높이 3미터, 너비 5미터 가량의 넓은 입구를 가진 관음굴은 안에서 밖으로 동굴류(洞窟流)를 흘려 보낸다.

물이 무릎까지 차는 입구에서부터 가슴까지 차오르는 동굴류(洞窟流)를 지나야만 본격적인 동굴 모습을 관찰할 수 있다. 따라서 종유 폭포와 그 밖의 2차 생성물을 만나기 위해서는 고무 보트를 이용해야만 한다.

계속해 들어가면 4개의 폭포가 단계적으로 자리잡고 있어서 중간중간 휴식을 취할 수도 있다. 석회화단구를 비롯하여 종유석 무리가 발달하고 폭포로 장식된 남성적이고 장엄한 동굴이라 하겠다.

동굴강을 덮어 주는 종유석의 장관 동굴 속 벽면 또는 중간 공간에 커튼 종유석이 내리뻗고 있는 장관이다.

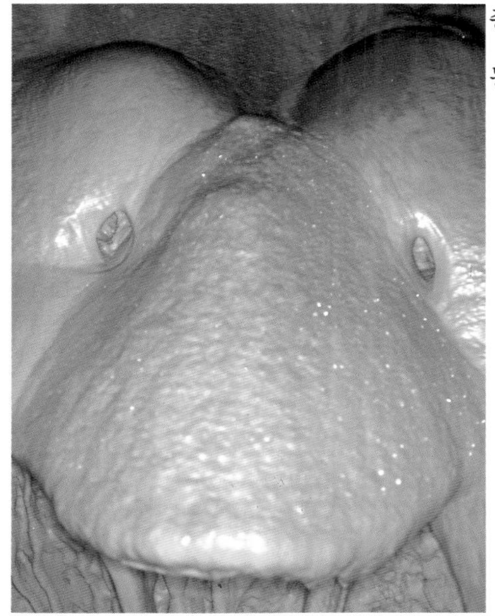

종유관 동굴 퇴적물의 기본형인 종유관이다.(위)
동물형 유석 동굴벽면이나 바닥에는 갖가지 동물이나 물고기 모양을 한 유석이 많다. 이 유석은 공룡의 얼굴이라고 한다.(아래)

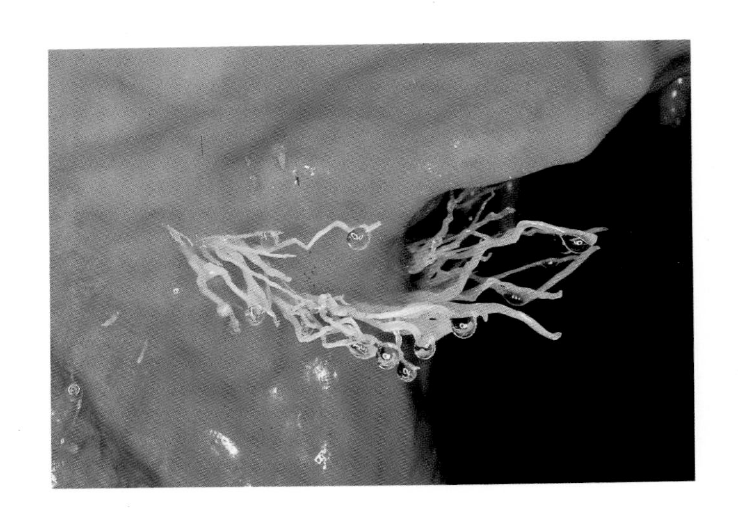

곡석 동굴속 기상 기류에 따라 성장하는 헬릭타이트(곡석)이다. (위)
포도상 동굴 산호 물이 가득 차 있는 포화수 상태에서 발달하는 동굴 산호의 일종이다. (아래)

관음굴 폭포 이 동굴에는 네 곳에 폭포가 있다. 이것은 높이 10미터에 달하는 제3 폭포의 장관이다.

삼척 환선굴

관음굴과 함께 천연기념물 제178호인 대이리 동굴 지대에 위치한 환선굴(幻仙窟)은 경사면을 흘러내린 두 줄기의 동굴류가 넓은 광장을 만들어 놓았다.

환선굴의 총길이는 3.5킬로미터로 입구에서부터 넓은 광장과 각종 동굴 생성물로 자태를 뽐내고 있다. 그러나 북쪽에서 남쪽으로 뻗어 있는 여러 굴들의 실제 길이를 밝혀낼 수만 있다면 현재보다 훨씬 더 길 것이다.

동굴의 경관 가운데 천장 벽면에 깊게 뚫려 있는 용식천장공은 아주 이색적이다. 더구나 깊숙한 곳에 그려진 듯한 옥좌(玉座)로 부르는 평면 석회화단구면의 화려함은 참으로 장관이다.

관음굴이 남성적이고 동적이라면 환선굴은 여성적이고 정적인 동굴이라고 말할 수 있다.

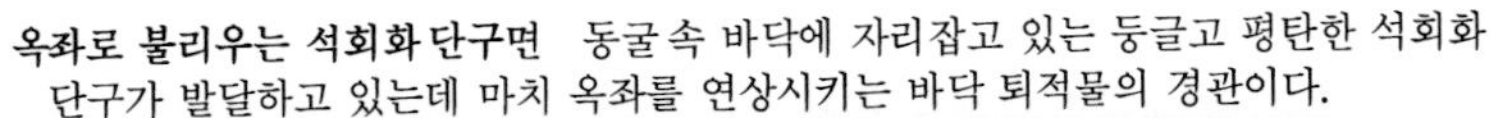

옥좌로 불리우는 석회화 단구면 동굴 속 바닥에 자리잡고 있는 둥글고 평탄한 석회화 단구가 발달하고 있는데 마치 옥좌를 연상시키는 바닥 퇴적물의 경관이다.

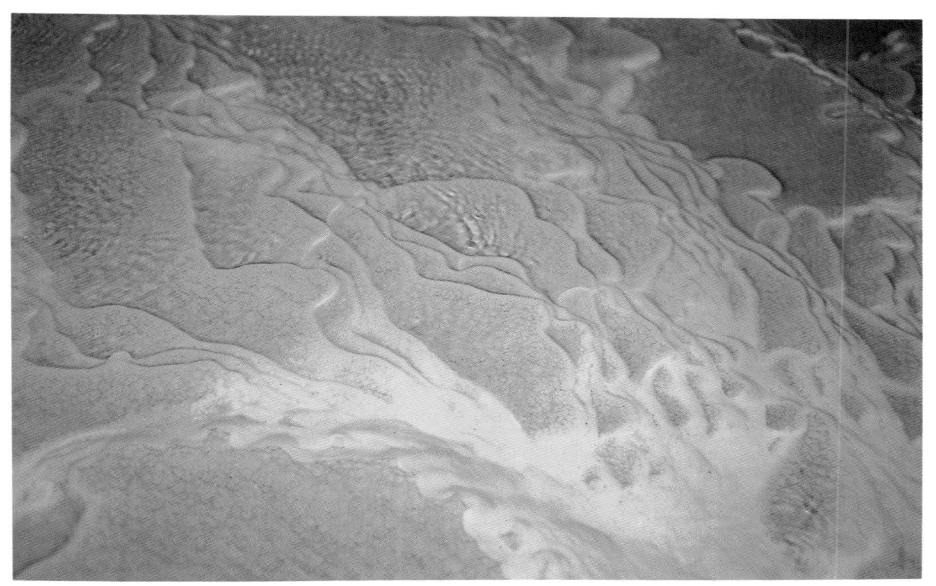

석회화단구 잔잔한 림풀과 섬세한 림스톤이 발달하고 있는 소규모의 석회화단구이다.

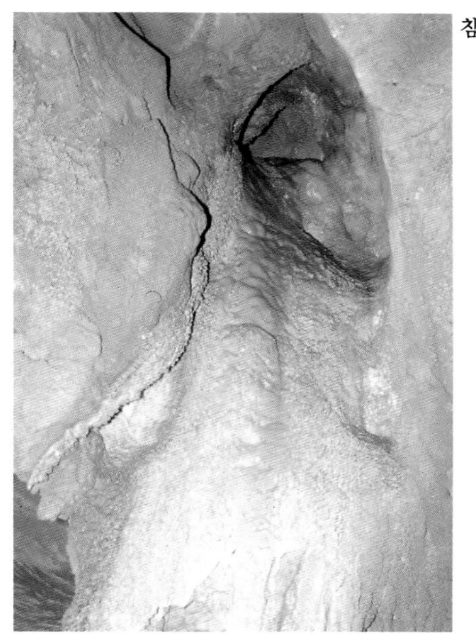

침식공 벽면의 침식 구멍이 침투수에 의하여 확장된 경관이다.

삼척 초당굴

우리나라에서 가장 많은 지하수를 유출시키고 있는 동굴로서, 삼척군 근덕면에 있는 초당(草堂) 저수지의 수원이 되기도 한다. 동굴의 길이는 4,700미터에 달하며 대형 광장과 협곡으로 이루어진 가장 장대한 동굴로 천연기념물 제226호이다.

동굴 입구는 13미터의 수직 구멍으로 그 속에는 다시 70도 경사의 넓은 광장이 계속된다. 동굴 밑바닥에 세 갈래의 수평굴이 있는데 일반인에게는 공개되지 않고 있다.

동굴 안에는 대형의 석회화단구와 석순 등이 발달하여 학술적인 가치가 크다. 더구나 이 동굴에서 스며나오는 동굴류는 일 년 동안 계속해서 커다란 시냇물을 이루는데 이곳에는 희귀한 '물김'이 서식하고 있어 학계의 큰 관심을 모으고 있다.

석회화 단구 굴 깊숙한 곳에 발달한 석회화단구로 우리나라에서는 가장 모범적으로 발달한 예이다. (위)
동굴 입구 초당굴에 속하는 소한굴의 입구로 지하수를 유출시키며 경관이 매우 아름답다.(왼쪽)

포도상 구상체 2차 생성물 표면에 포도상 구상체 퇴적물이 성장하고 있다.(위)
유석 장관 초당굴은 우리나라에서 가장 장대한 동굴로 천연기념물 제236호이다. 이 동굴 안 유석의 경관은 매우 웅장하여 성장이 활발하다.(왼쪽)

명주 옥계굴

강원도 지방기념물 제37호로 지정된 석회 동굴로 강원도 명주(溟州)의 석병산(石屛山) 기슭에 있다.

넓은 공동으로 이뤄진 옥계 동굴(玉溪洞窟)은 돌꽃이 만발한 지하의 전당이다. 전에는 한동안 관광 동굴로 개방되기도 하였으나 현재는 문을 닫고 있다. 넓은 동굴 입구로부터 외기(外氣)의 유입이 동굴 안의 환경을 변화시켜 동굴 바닥은 갈라진 논바닥처럼 되어 있다. 한편 동굴 속에는 연대 미상의 돌로 쌓은 돌담이 있어 이색적이다.

한편 동굴 부근의 지질은 고생대 조선계에 속하는 대석회암통의 지층으로 약 4억 내지 5억 년 전에 이루어진 석회암층이다.

동굴의 총길이는 약 800미터이나 광장(공동)이 중심이 되는 석회 동굴이다.

석화 옥계굴에는 석화(돌꽃)가 많다. 이것은 석화를 확대한 모습이다.

대표적인 유석 경관 동굴 벽면 있는 유석의 장관은 마치 여러 단계의 폭포와 같아 종유 폭포라 부른다. 산화철과 박쥐의 배설물 등이 2차 생성물에 작용하여 주황색을 나타내고 있다. (왼쪽)

건열 동굴 입구 부근에 건화가 진전됨에 따라 새로운 통기(通氣)로 바닥이 갈라졌다.(아래)

울진 성류굴

천연기념물 제155호인 성류굴은 옛날에는 선유굴(仙遊窟) 또는 장천굴(掌天窟)이라고도 하였으나, 임진왜란 때 이 굴 속에 부처님을 피신시켜 성류굴(聖留窟)이라고 부르게 되었다고 한다. 특히 임진왜란 때는 주민 500명이 동굴 속에 피난하였다가 적장 가토(加藤) 휘하의 왜병들에 의해서 숨졌다는 슬픈 얘기가 전해 온다.

성류굴은 우리나라에서 제일 먼저 개발된 관광 동굴로 기암괴석인 종유석과 석순 그리고 석주들이 밀림을 이루고 있다. 동굴 속에는 크고 작은 광장이 12개 있으며, 동굴 초입에는 3개의 연못이

동굴 안의 경관 제일 먼저 개발된 동굴로 기암괴석들이 밀림을 이루고 있다. (왼쪽)

유석 동굴 속을 밝히기 위해 사용했던 석유 등의 옛 조명 기구로 인해 그을려져서 검은색을 띠고 있다. (오른쪽)

있다. 옛날 화랑들이 이곳으로 놀러 왔다가 '정녕 신비로운 지하 동굴의 유경이 바로 이곳'이라고 말했다 한다.

인접한 왕피천(王避川) 냇물이 성류굴 속까지 유입되어 동굴 속은 동굴 연못의 장관을 이루고 있다. 한때는 배를 타고 건너야 했지만 지금은 화려한 구름다리로 드나들게 하고 있다.

이 동굴은 지질 연대로 보아 우리나라 동굴 가운데 가장 오래된 시생대의 지층에 발달해 있다. 길이 약 500미터의 동굴 속에는 가로, 세로 40미터의 호수를 비롯해서 천태만상의 갖가지 대종유석과 대석순 그리고 대석주 등이 장관을 이루고 있다.

종유석과 석순의 장관 동굴 속에 석순과 종유석의 숲이 우거진 광장이다.

제주 만장굴

만장굴(萬丈窟)은 천연기념물 제98호인 화산(火山) 동굴로 길이가 8,924미터로 세계 4위의 단일 화산 동굴이다. 동굴 속의 지형 규모와 지물의 특수성 들을 보아도 참으로 세계적인 화산 동굴이라고 말할 수 있다. 20미터가 훨씬 넘는 천장 높이, 폭이 10미터에 달하는 동굴 속, 화려한 용암주나 용암구 그리고 3단의 용암교 등이 다양하게 산재하여 화산 동굴의 전시장이나 다름없다.

만장굴 입구 가스 분출구가 점차 확대되고 천장이 함몰되어 입구가 생겼다.

밑에 있는 김녕(金寧)의 사굴(蛇窟)을 비롯하여 위쪽의 덕천굴(德川窟), 밭굴, 절굴, 게우샛굴 등이 하나의 동굴 구조를 이루고 있다. 만장 동굴계의 길이는 전에는 13,268미터의 동굴계(洞窟系)로 알려져 있었으나 최근 조사에 의하여 15,798미터로 밝혀졌다.

만장굴의 입구는 김녕 사굴(金寧蛇窟)의 동남쪽 산 위로 900미터 올라간 함몰 지역에 있다. 동굴 입구에 들어서면 김녕 사굴 쪽인 밑으로 630미터의 동굴이 사굴 쪽으로 뚫려져 있다. 다시 동굴 입구에서 반대쪽인 위쪽으로 만장굴의 관광 지역이 시작된다.

제3 주굴에는 현재 관광 지역으로 개발된 동굴이 포함되어 있다. 이 구간의 총길이는 실로 3,977미터로 가장 규모가 크고 천장도 다층 구조를 이룬다. 그 밖에 세계적인 지형 지물들도 이곳에 산재하고 있다.

제3 주굴의 300미터 지점부터 용암구가 나타나고 곳곳의 동굴

새끼 모양의 토피라바 용암이 흘러내려가다가 그대로 냉각되어 버린 상태인 동굴 바닥의 모습이다.

벽면에는 용암 선반의 갖가지 형태와 가스 기류의 이동 흔적인 촬흔, 그 밖에 바닥의 새끼 용암 현상들도 가끔 나타난다.

가장 특기할 만한 것은 거북돌이라 부르는 용암구로 입구로부터 900미터 지점의 2차 용암류가 흘러내려오다가 그대로 냉각되어 생긴 것으로, 동굴 속 관광 지역의 종착점으로 삼고 있는 세계 제일의 용암 석주이다. 다시 안쪽으로는 용암교, 용암 종유, 촬흔, 용암 선반 등 지진과 자체 하중에 의한 낙반, 낙석 현상 등을 곳곳에서 볼 수 있다.

세계 제1의 용암 석주 높이 7.8미터의 세계 제일 가는 용암 석주로 2층의 용암이 바닥이 함몰된 곳으로 흘러내리다가 냉각된 상태이다.

이 동굴 속에는 세계 제일의 길이를 자랑하는 높이 28센티미터의 규산주(珪酸柱)가 있다. 원래 이 동굴 속에는 규산화가 많은 것이 특색인데, 부착된 규산이 균열을 따라 성장한 것이 규산 종유 또는 규산주다. 용암 동굴 속에서 규산주가 성장하는 것은 세계적으로 희귀한 것으로 세계 유일의 자랑거리다.

동굴 속에는 용암구(熔岩球)가 많이 발달되어 있는데 가장 긴 것이 길이 7미터, 높이 1.5미터의 용암구로 세계 최대이다. 이 밖에 특이한 것은 용암 수형이 동굴 깊숙한 곳에서 3개나 발견되었다.

세계 제1의 규산주 규산화로 이루어진 높이 28센티미터의 규산 석주이다.

규산화 용암 동굴에서 드물게 볼 수 있는 석고 퇴적물인 규산화이다.(왼쪽 위)
분출 종유 가스를 포함하고 있는 종유석이 천장에서 성장한 모습이다.(왼쪽 아래)
용암 종유석 전형적인 종유석으로 굵고 가는 것은 용암의 유동성과 밀접한 관계가 있다.(아래)

세계 제2로 기록된 용암 석순 높이 68센티미터의 세계 제2의 용암 석순으로 그 가치가 매우 높다.

제주 협재굴과 쌍룡굴

북제주군 한림읍 협재 해수욕장 인근에있는 천연기념물 제236호로 인근에 열대 식물원인 한림 공원이 있어서 최근에 더욱 관광지로 각광을 받고 있는 지역이다.

협재굴(狹才窟)은 동굴 속에 석회질(石灰質)의 종유석과 석순이 자라고 있어서 유명하다. 제주도、서북 해안에 있기 때문에 북서 계절풍에 의하여 운반된 패사(貝砂)가 용해된 석회질의 용액이 동굴의 천장에 있는 암석 틈을 따라서 동굴 속으로 내려와 종유석을 성장시키는 한편 바닥에 석순을 자라게 한 특수한 동굴이다.

용암 동굴 속의 석회질 석순 용암 동굴 바닥에 동굴 천장으로부터 2차적으로 침적된 석회질 용해 물방울이 바닥에 석순으로 자라고 있는 모습이다.

최근에는 부근의 재암천굴(財岩泉窟), 쌍룡굴(雙龍窟),황금굴(黃金窟), 초깃굴, 소천굴(昭天窟) 등이 하나의 화산 동굴계임이 학술적으로 확인되어 총길이 17,175미터로 세계 제일의 화산 동굴계로 알려졌다.

한편 협재굴의 바로 옆에 있는 쌍룡굴은 전체 길이 393미터밖에 되지 않으나, 세 가닥으로 된 수평 동굴로 역시 석회질의 종유석과 석순이 발달한 특수 동굴이다.

동굴의 통로 용암이 흘러갔을 때 뚫어진 것이며 바닥은 나중에 모래가 덮인 것이다.(위)
입구 용암 동굴에 있어서 동굴의 출입구가 있는 곳은 대체로 가스가 터져나간 분출 구멍이 나중에 확대된 것이다.(왼쪽)

제주 황금굴

협재굴 동굴계에 속하는 총길이 140미터밖에 안 되는 화산 동굴로, 내부 경관이 석회질의 2차 생성물로 장식되어서 황금빛 찬란한 모습이라고 하여 이름지어진 동굴이다. 황금굴은 최근에야 내부 모습이 사진으로 공개되었으나 아직도 비공개로 되어 있다. 석회질의 종유석과 석순은 물론 종유관의 무리가 내리뻗고 있고 70센티미터가 넘는 용암 종유를 비롯하여 많은 2차 지형 지물이 있어 화산 동굴 지형의 종합 전시장으로 평가된다.

종유관 흑색 부분은 용암인 표선리 현무암의 원석 부분이고 그 사이로 패사에서 나온 석회질 성분이 스며들어 종유관을 만들었다. 이 종유관은 나무 뿌리를 기초로 성장한 것으로 165센티미터에 달한다.

방해석 종유석과 석순 무리 용암동굴은 철분이 많아 주황색을 띠는 것이 보편적이나 이와 같이 패사에 의한 2차 생성물로서 순백의 방해석 종유석과 석순은 우리나라에만 존재하는 세계적인 보물이다.

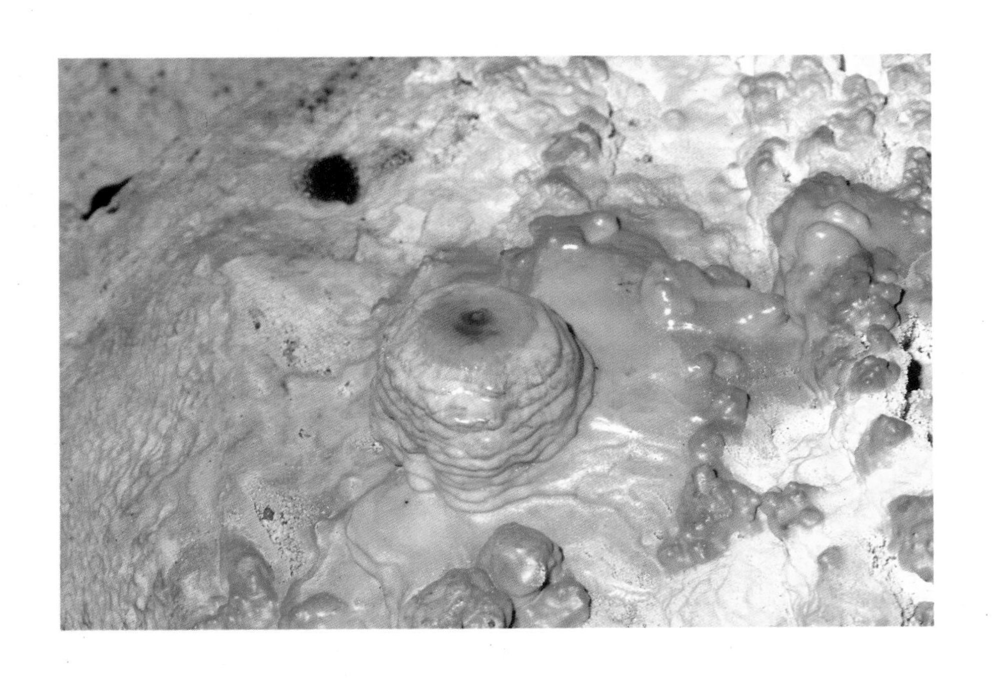

황금굴의 평정 석순 평정 석순의 중앙 부분이 적색을 띠는 것은 산화철의 작용으로 인한 것이다. 이 석순의 경사면에는 소형 석회화단구의 구조를 하고 있다.

제주 소천굴

총길이 2,980미터에 이르는 이 동굴은 우리나라 화산 동굴 가운데 빌레못굴, 만장굴, 수산굴 다음 가는 제4위의 화산 동굴이다. 가스 분출구가 출입구로 되는 동굴 입구에는 양치류(羊齒類)가 무성하여 천연기념물로 지정받았는데, 동굴 내부 경관은 물론 지형 지물 또한 희귀한 것들이 많이 있다.

그 가운데에서도 세계적으로 희귀한 코핀과 '튜브 인 튜브'(미니 동굴)가 있다. 미니 동굴의 총길이는 720미터로 세계에서 가장 길며, 그 튜브의 천장이 갈라져 나타난 코핀 지형은 세계에서도 몇 군데밖에 없는 특수 지형이다. 또한 동굴 속 오지에는 넓은 규산화 지대가 분포되어 동굴 생성 과정 연구에 좋은 자료가 되고 있다.

그리고 역시 이 동굴 구조의 일부인 황금굴 속에는 석회질의 특수 종유가 있다. 길이 78센티미터의 이 종유석은 지상에서 틈을 따라 내려온 패사의 용해된 석회질 용액이 동굴 속에서 침전되어 종유석으로 내리뻗고 있다.

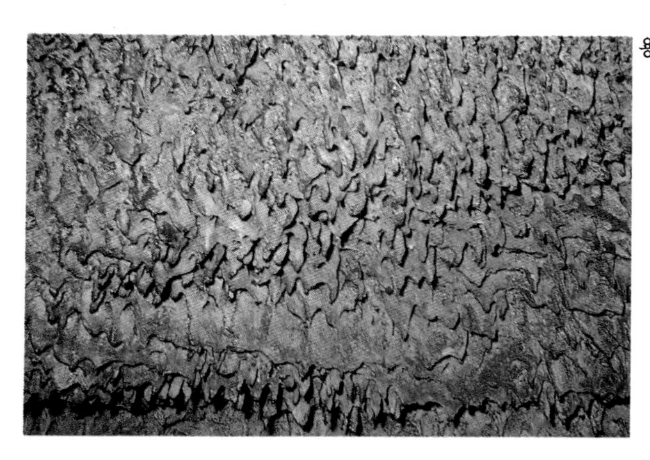

용암 종유석 상어 이빨이라고 불리우는 용암 종유석의 일종이다. 유동성이 강한 용암에 흔히 발달한다.

삼척 월둔굴

이 동굴은 강원도 삼척군 하장면 원동리 월둔(月屯) 부락의 북쪽 산록에 있는 석회 동굴로 1986년 11월에 강원도 지방기념물 제58호로 지정받은 석회 동굴이다.

우리나라 석회 동굴 중에서는 가장 높은 곳에 있는 동굴로 해발 980미터 지점에서 위치하고 있다.

이 동굴은 주굴의 길이가 약 320미터이며 지굴까지 합치면 약 700미터가 되는 수직 동굴이다. 지층의 지질 연대가 약 5억 년에 해당되는 이 월둔굴은 산지 사면의 요지에서 침식과 용식 작용에 의하여 하각 침식을 받아 급경사의 수직으로 발달되었다. 크고 작은 7개의 공동(空洞)으로 된 불규칙적인 원통 모양의 수직 동굴로 크게 4단계의 다층 구조를 이루는 동굴이다.

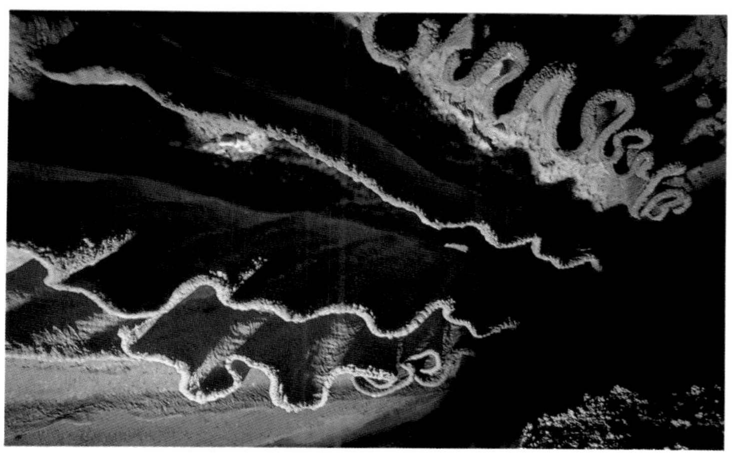

만리장성 종유석 경사진 천장면을 꾸준히 흘러내리고 있는 종유석으로 만리장성처럼 끝없이 쌓아 나가고 있다. (위)

동굴 입구에 무성한 양치류 식물 가스가 빠져나간 분출구가 소천굴의 출입구로 이용되고 있다.(왼쪽)

유석 우기(雨期)에 성장하다가 건기(乾期)에는 성장을 멈추어 형성된 유석 경관이다.

제1광장은 동굴벽과 바닥에 석순과 석주 그리고 종유 폭포 등이 잘 발달되어 있으나 주민들의 출입으로 많이 훼손되어 있다. 그러나 제2, 3광장부터는 원형이 잘 보존되어 있으며 종유 폭포와 동굴 산호 등을 많이 볼 수 있는데 특히 천장의 종유석 무리들은 학술적 관장 가치가 크다. 제3, 4광장에서는 곳곳에 문 밀크가 발달되어 있고 가장 밑에 동굴 바닥의 광장에는 동굴 호수가 있는데 수심이 약 4미터이다. 광장의 중앙부에는 우리나라에서 손꼽히는 높이 8미터의 대형 석순이 있어 그 웅장함이 대단하다.

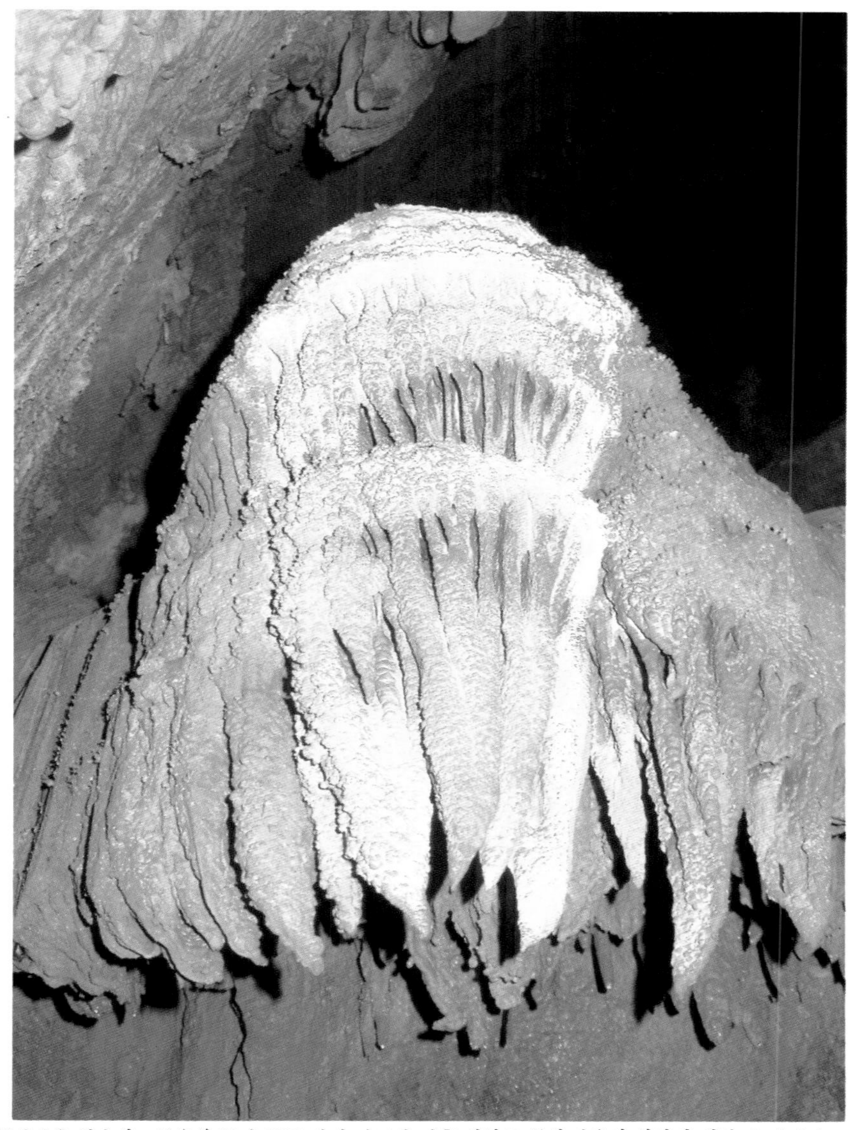

풍화받은 현수상 종유석 무리 동굴 안의 과도한 기후 변화로 풍화 작용이 심하여 성장이 정지되고 퇴화될 지경에 있다.

명주 서대굴

강원도 명주군 옥계면 산계리에 있는 석회 동굴로 1980년 2월에 강원도 지방기념물 제36호로 지정되어 보호받고 있다. 1975년 2월 동국대학교 동굴탐험대가 첫 탐사한 동굴인데 험준한 석병산(石屛山) 중턱에 있어 탐험하기가 매우 힘든 동굴이다.

서대굴(西臺窟)의 주굴 길이는 약 800미터이며 지굴까지 합치면 총길이 1,500미터로 동굴 안은 수평굴, 수직굴 그리고 수많은 지굴들이 한데 있는 복잡한 동굴이다.

동굴 곳곳에는 종유석, 석순, 석주를 비롯한 석회화 폭포(石灰華瀑布), 유석(流石)으로 불리우는 종유 폭포들의 2차 생성물이 많이 발달해 있다. 그 밖에 곡석(曲石)이나 석화(石花) 같은 생성물도 발달하고 있어 마치 지하 궁전을 방불케 하는 동굴이다.

다만 이 동굴이 지리적 위치가 험준하고 교통이 불편한 곳에 있기 때문에 개발하여 동굴을 공개하기는 부적당하다.

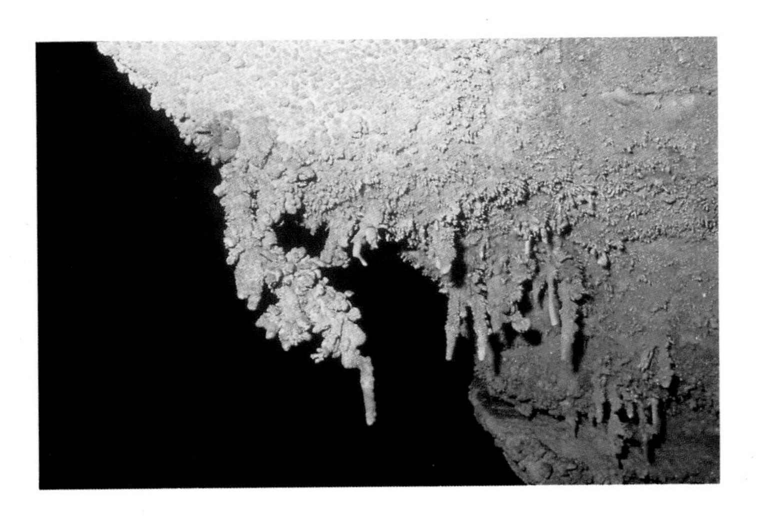

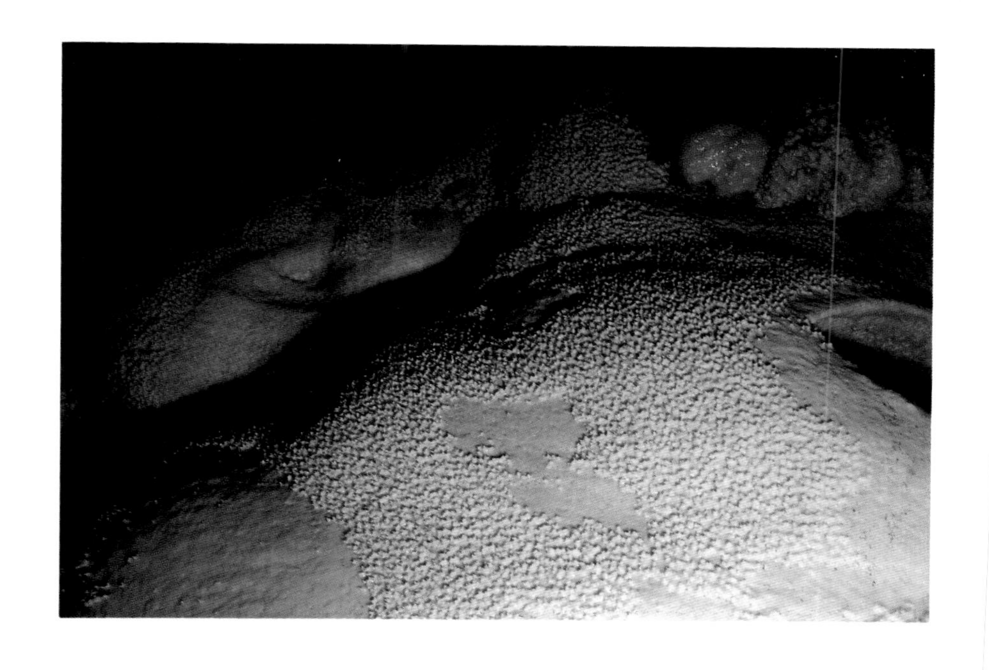

곡석과 동굴 산호 벽면과 천장에서 발달한 동굴 산호이다. 곡석의 무리가 풍화를 받은 모습이다.(왼쪽)
석화 군락 동굴 깊숙한 곳의 언덕 위에 동굴 안의 기후 때문에 2차 생성물의 표면에 첨가 증식되어 생성되었다. 특수한 동굴 퇴적물이다. (위)

안동 미림굴

경상북도 안동군의 서쪽 내륙 지역인 북후면 석탑리에 있는 석회 동굴로 1982년 8월에 경상북도 지방기념물 제36호로 지정받고 있는 동굴이다.

미림굴(美林窟)의 입구는 매우 협소하여 이른바 흡인형 동굴로 수직과 수평의 동굴 통로가 복잡하게 있어 폐쇄형(閉鎖型)에 속한다. 동굴 속에서는 유년기에 해당하는 매우 초기 단계인 많은 종유관과 종유석 들이 발달하고 있으며 그 밖에도 동굴의 벽면이나

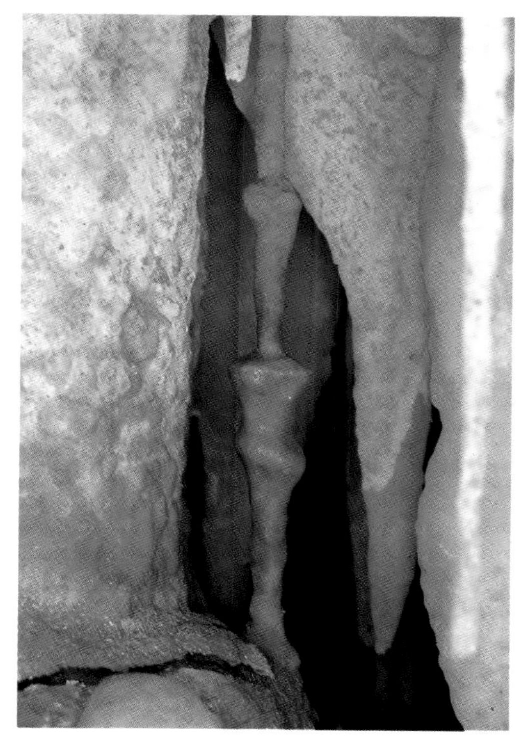

동굴 방패 서대굴의 대표적인 경관으로 동굴 방패라 불리우는 유석의 일종이다.(왼쪽)

촛대 석주 종유석 사이에 있는 석주가 마치 촛대 같다 하여 붙인 이름으로 신기하다. (오른쪽)

바닥면에 방해석관(方解石管)의 결정체가 많고 풍화된 점토인 테라로사 토양이 석회질 용액에 의하여 코팅된 곳도 있어서 학술적 가치가 크다.

이 동굴의 생물상은 동굴의 규모가 작고 생성 연대도 매우 짧아 외래성 동굴 생물인 나방, 거미류밖에 발견되지 못하고 있다.

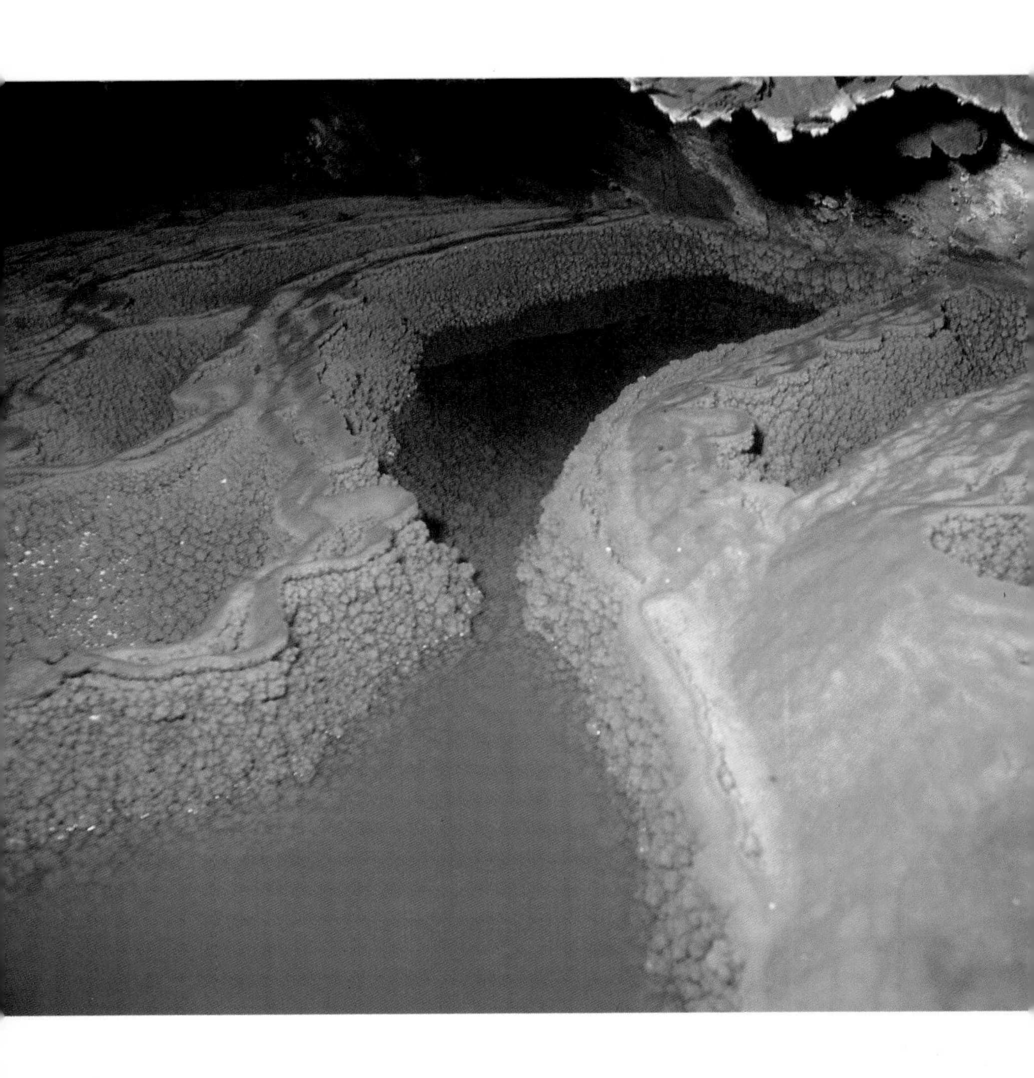

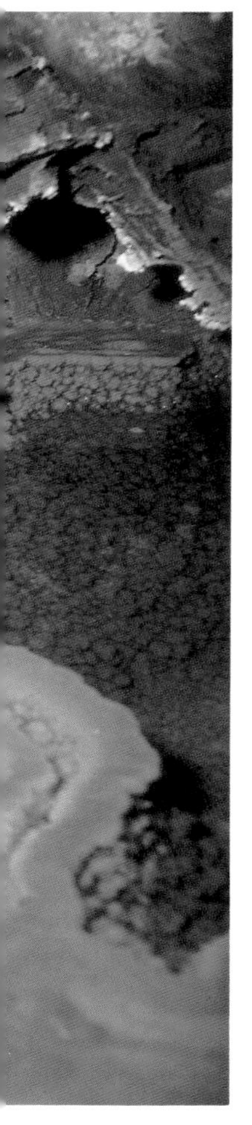

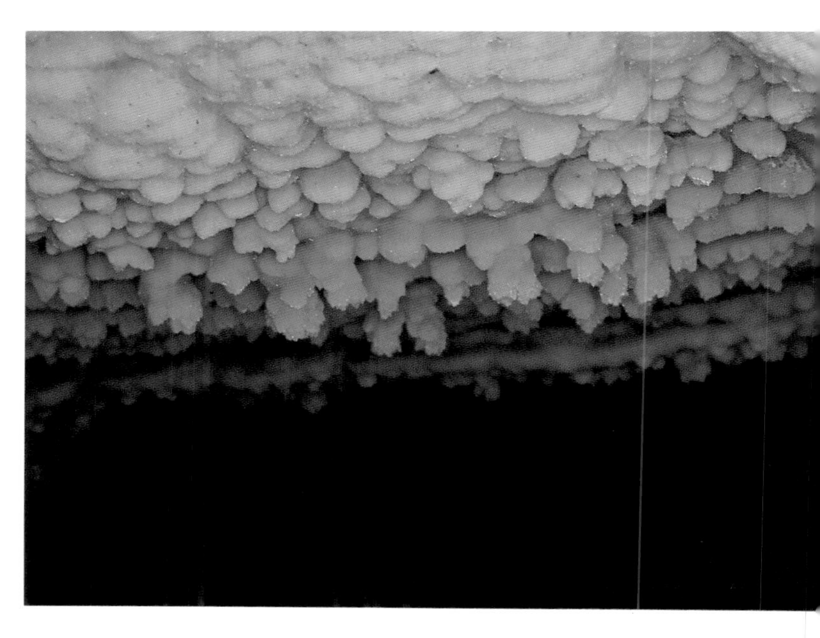

제석소(堤石沼)**와 석회화단구** 제석소에는 농도 짙은 중탄산칼슘 용액이 있어 첨가 증식 작용이 활발하게 일어난다. 오른쪽 사진은 지하수로 가득 찬 제석소 밑부분에 첨가 증식에 의한 2차 생성물이다. (왼쪽, 오른쪽)

제주 표선굴

남제주군 표선읍(表善邑)에 있는 민속촌의 주차장에서 1987년에 발견된 동굴로 북제주군의 협재굴과 비슷한 특성을 지니고 있는 동굴이다. 이 동굴은 원래 표선리 현무암의 용암류가 흘러내려 제주도 동남쪽 해안에 다다르는 곳 곧 표선 해안가에 발달된 용암 동굴인데 2차적으로 점차 동굴 지표면을 덮고 있는 패류(貝類) 껍질이 부서져 생긴 석회질 분말인 패사가 물에 용해되어서 동굴 천장면의 바위 틈을 타고 스며내려 수많은 석회질 종유석과 석순의 무리들을

석회질 석주 패각사의 석회질에 의해 만들어진 석주이다. 석주 표면에 줄무늬는 동굴 내의 기류와 관계있다.(왼쪽)

석주와 석순 표선굴의 대표적인 경관 중의 하나로서 석순의 성장으로 만들어진 석주이다.(오른쪽)

발달시켰다. 곧 2차적 동굴 퇴적물이 발달한 이례적인 동굴이다.

동굴 안은 좁고 얕은 광장으로 되어 있는데 이 공동 안에는 석회질의 종유석과 석순들이 성장하고 있어 용암 동굴에서는 보기드문 매우 아름다운 지하 궁전의 경관을 이루고 있다.

빛깔있는 책들 301-4

한국의 동굴

글 —홍시환
사진 —석동일

발행인 —장세우
발행처 —주식회사 대원사

주간 —박찬중
편집 —김한주, 신현희, 조은정, 황인원
미술 —차장/김진락
윤용주, 이정은, 조옥례
전산사식 —김정숙, 육양희, 이규헌

첫판 1쇄 —1990년 7월 25일 발행
첫판 6쇄 —2003년 12월 31일 발행

주식회사 대원사
우편번호/140-901
서울 용산구 후암동 358-17
전화번호/(02) 757-6717~9
팩시밀리/(02) 775-8043
등록번호/제 3-191호
http://www.daewonsa.co.kr

잘못된 책은 책방에서 바꿔 드립니다.

값 13,000원

Daewonsa Publishing Co., Ltd.
Printed in Korea(1990)

ISBN 89-369-0096-X 00980

빛깔있는 책들

민속(분류번호 : 101)

1 짚문화	2 유기	3 소반	4 민속놀이(개정판)	5 전통 매듭
6 전통 자수	7 복식	8 팔도 굿	9 제주 성읍 마을	10 조상 제례
11 한국의 배	12 한국의 춤	13 전통 부채	14 우리 옛 악기	15 솟대
16 전통 상례	17 농기구	18 옛 다리	19 장승과 벅수	106 옹기
111 풀문화	112 한국의 무속	120 탈춤	121 동신당	129 안동 하회 마을
140 풍수지리	149 탈	158 서낭당	159 전통 목가구	165 전통 문양
169 옛 안경과 안경집	187 종이 공예 문화	195 한국의 부엌	201 전통 옷감	209 한국의 화폐
210 한국의 풍어제				

고미술(분류번호 : 102)

20 한옥의 조형	21 꽃담	22 문방사우	23 고인쇄	24 수원 화성
25 한국의 정자	26 벼루	27 조선 기와	28 안압지	29 한국의 옛 조경
30 전각	31 분청사기	32 창덕궁	33 장석과 자물쇠	34 종묘와 사직
35 비원	36 옛책	37 고분	38 서양 고지도와 한국	39 단청
102 창경궁	103 한국의 누	104 조선 백자	107 한국의 궁궐	108 덕수궁
109 한국의 성곽	113 한국의 서원	116 토우	122 옛기와	125 고분 유물
136 석등	147 민화	152 북한산성	164 풍속화(하나)	167 궁중 유물(하나)
168 궁중 유물(둘)	176 전통 과학 건축	177 풍속화(둘)	198 옛 궁궐 그림	200 고려 청자
216 산신도	219 경복궁	222 서원 건축	225 한국의 암각화	226 우리 옛 도자기
227 옛 전돌	229 우리 옛 질그릇	232 소쇄원	235 한국의 향교	239 청동기 문화
243 한국의 황제	245 한국의 읍성	248 전통장신구	250 전통 남자 장신구	

불교 문화(분류번호 : 103)

40 불상	41 사원 건축	42 범종	43 석불	44 옛절터
45 경주 남산(하나)	46 경주 남산(둘)	47 석탑	48 사리구	49 요사채
50 불화	51 괘불	52 신장상	53 보살상	54 사경
55 불교 목공예	56 부도	57 불화 그리기	58 고승 진영	59 미륵불
101 마애불	110 통도사	117 영산재	119 지옥도	123 산사의 하루
124 반가사유상	127 불국사	132 금동불	135 만다라	145 해인사
150 송광사	154 범어사	155 대흥사	156 법주사	157 운주사
171 부석사	178 철불	180 불교 의식구	220 전탑	221 마곡사
230 갑사와 동학사	236 선암사	237 금산사	240 수덕사	241 화엄사
244 다비와 사리	249 선운사			

음식 일반(분류번호 : 201)

60 전통 음식	61 팔도 음식	62 떡과 과자	63 겨울 음식	64 봄가을 음식
65 여름 음식	66 명절 음식	166 궁중음식과 서울음식		207 통과 의례 음식
214 제주도 음식	215 김치	253 장醬		

건강 식품(분류번호 : 202)

105 민간 요법 / 181 전통 건강 음료

즐거운 생활(분류번호 : 203)

67 다도 / 68 서예 / 69 도예 / 70 동양란 가꾸기 / 71 분재
72 수석 / 73 칵테일 / 74 인테리어 디자인 / 75 낚시 / 76 봄가을 한복
77 겨울 한복 / 78 여름 한복 / 79 집 꾸미기 / 80 방과 부엌 꾸미기 / 81 거실 꾸미기
82 색지 공예 / 83 신비의 우주 / 84 실내 원예 / 85 오디오 / 114 관상학
115 수상학 / 134 애견 기르기 / 138 한국 춘란 가꾸기 / 139 사진 입문 / 172 현대 무용 감상법
179 오페라 감상법 / 192 연극 감상법 / 193 발레 감상법 / 205 쪽물들이기 / 211 뮤지컬 감상법
213 풍경 사진 입문 / 223 서양 고전음악 감상법 / 251 와인

건강 생활(분류번호 : 204)

86 요가 / 87 볼링 / 88 골프 / 89 생활 체조 / 90 5분 체조
91 기공 / 92 태극권 / 133 단전 호흡 / 162 택견 / 199 태권도
247 씨름

한국의 자연(분류번호 : 301)

93 집에서 기르는 야생화 / 94 약이 되는 야생초 / 95 약용 식물 / 96 한국의 동굴
97 한국의 텃새 / 98 한국의 철새 / 99 한강 / 100 한국의 곤충 / 118 고산 식물
126 한국의 호수 / 128 민물고기 / 137 야생 동물 / 141 북한산 / 142 지리산
143 한라산 / 144 설악산 / 151 한국의 토종개 / 153 강화도 / 173 속리산
174 울릉도 / 175 소나무 / 182 독도 / 183 오대산 / 184 한국의 자생란
186 계룡산 / 188 쉽게 구할 수 있는 염료 식물 / 189 한국의 외래 · 귀화 식물
190 백두산 / 197 화석 / 202 월출산 / 203 해양 생물 / 206 한국의 버섯
208 한국의 약수 / 212 주왕산 / 217 홍도와 흑산도 / 218 한국의 갯벌 / 224 한국의 나비
233 동강 / 234 대나무 / 238 한국의 샘물 / 246 백두고원

미술 일반(분류번호 : 401)

130 한국화 감상법 / 131 서양화 감상법 / 146 문자도 / 148 추상화 감상법 / 160 중국화 감상법
161 행위 예술 감상법 / 163 민화 그리기 / 170 설치 미술 감상법 / 185 판화 감상법
191 근대 수묵 채색화 감상법 / 194 옛 그림 감상법 / 196 근대 유화 감상법 / 204 무대 미술 감상법
228 서예 감상법 / 231 일본화 감상법 / 242 사군자 감상법

역사(분류번호 : 501)

252 신문